T0224486

METODOLOGIE RIABILITATIVE IN LOGOPEDIA • VOL. **14**

Collana a cura di
Carlo Caltagirone
Carmela Razzano
Fondazione Santa Lucia, IRCCS, Roma

Ugo Nocentini • Sarah Di Vincenzo

La riabilitazione
dei disturbi cognitivi
nella sclerosi multipla

Ugo Nocentini
Cattedra di Neurologia
Università "Tor Vergata", Roma
Fondazione Santa Lucia, IRCCS
Roma

Sarah Di Vincenzo
Fondazione Santa Lucia, IRCCS
Roma

ISBN 88-470-0596-5
ISBN 978-88-470-0596-9

Springer fa parte di Springer Science+Business Media
springer.com
© Springer-Verlag Italia 2007

Progetto grafico della copertina: Simona Colombo, Milano
Impaginazione: Graficando snc, Milano
Stampa: Arti Grafiche Nidasio, Assago (MI)

Springer-Verlag Italia S.r.l., Via Decembrio 28, I-20137 Milano

Prefazione alla collana

Nell'ultimo decennio gli operatori della riabilitazione cognitiva hanno potuto constatare come l'intensificarsi degli studi e delle attività di ricerca abbiano portato a nuove ed importanti acquisizioni. Ciò ha offerto la possibilità di adottare tecniche riabilitative sempre più efficaci, idonee e mirate.

L'idea di questa collana è nata dalla constatazione che, nella massa di testi che si sono scritti sulla materia, raramente sono stati pubblicati testi con il taglio del "manuale": chiare indicazioni, facile consultazione ed anche un contributo nella fase di pianificazione del progetto e nella realizzazione del programma riabilitativo.

La collana che qui presentiamo nasce con l'ambizione di rispondere a queste esigenze ed è diretta specificamente agli operatori logopedisti, ma si rivolge naturalmente a tutte le figure professionali componenti l'équipe riabilitativa: neurologi, neuropsicologi, psicologi, foniatri, fisioterapisti, insegnanti, ecc.

La spinta decisiva a realizzare questa collana è venuta dalla pluriennale esperienza didattica nelle Scuole di Formazione del Logopedista, istituite presso la Fondazione Santa Lucia - IRCCS di Roma. Soltanto raramente è stato possibile indicare o fornire agli allievi libri di testo contenenti gli insegnamenti sulle materie professionali, e questo sia a livello teorico che pratico.

Tutti gli autori presenti in questa raccolta hanno all'attivo anni di impegno didattico nell'insegnamento delle metodologie riabilitative per l'età evolutiva, adulta e geriatrica. Alcuni di essi hanno offerto anche un notevole contributo nelle più recenti sperimentazioni nel campo della valutazione e del trattamento dei deficit comunicativi. Nell'aderire a questo progetto editoriale essi non pretendono di poter colmare totalmente la lacuna, ma intendono soprattutto descrivere le metodologie riabilitative da essi attualmente praticate e i contenuti teorici del loro insegnamento.

I volumi che in questa collana sono specificamente dedicati alle metodologie e che, come si è detto, vogliono essere strumento di consultazione e di lavoro, conterranno soltanto brevi cenni teorici introduttivi sull'argomento: lo spazio più ampio verrà riservato alle proposte operative, fino all'indicazione degli "esercizi" da eseguire nelle sedute di terapia.

Gli argomenti che la collana intende trattare vanno dai disturbi del linguaggio e dell'apprendimento dell'età evolutiva, all'afasia, alle disartrie, alle aprassie, ai disturbi percettivi, ai deficit attentivi e della memoria, ai disturbi comportamentali delle sindromi postcomatose, alle patologie foniatriche, alle ipoacusie, alla balbuzie, ai disturbi del calcolo, senza escludere la possibilità di poter trattare patologie meno frequenti (v. alcune forme di agnosia).

Anche la veste tipografica è stata ideata per rispondere agli scopi precedentemente menzionati; sono quindi previsti in ogni volume illustrazioni, tabelle riassuntive, ed elenchi di materiale terapeutico che si alterneranno alla trattazione, in modo da semplificare la lettura e la consultazione.

Nella preparazione di questi volumi si è coltivata la speranza di essere utili anche a quella parte di pubblico interessata al problema, ma che non è costituita da operatori professionali e da specialisti.

Con ciò ci riferiamo ai familiari dei nostri pazienti e agli addetti all'assistenza che spesso fanno richiesta di poter approfondire attraverso delle letture la conoscenza del problema, anche per poter contribuire più efficacemente alla riuscita del progetto riabilitativo.

Roma, giugno 2000

Dopo la pubblicazione dei primi nove volumi di questa collana, si avverte l'esigenza di far conoscere quali sono state le motivazioni alla base della selezione dei lavori fin qui pubblicati.

Senza discostarsi dall'obbiettivo fissato in partenza, si è capito che diventava necessario ampliare gli argomenti che riguardano il vasto campo della neuropsicologia senza però precludersi la possibilità di inserire pubblicazioni riguardanti altri ambiti riabilitativi non necessariamente connessi all'area neuropsicologica.

I volumi vengono indirizzati sempre agli operatori, che a qualunque titolo operano nella riabilitazione, ma è necessario soddisfare anche le esigenze di chi è ancora in fase di formazione all'interno dei corsi di laurea specifici del campo sanitario-riabilitativo.

Per questo motivo si è deciso di non escludere dalla collana quelle opere il cui contenuto contribuisca comunque alla formazione più ampia e completa del riabilitatore, anche sotto il profilo eminentemente teorico.

Ciò che continuerà ad ispirare la scelta dei contenuti di questa collana sarà sempre il voler dare un contributo alla realizzazione del programma riabilitativo più idoneo che consenta il massimo recupero funzionale della persona presa in carico.

Roma, aprile 2004   C. Caltagirone
C. Razzano
Fondazione Santa Lucia
Istituto di Ricovero e Cura a Carattere Scientifico

Prefazione al volume

La sclerosi multipla rappresenta una delle cause più frequenti di disabilità cronica nei giovani adulti. Essa colpisce, soprattutto, individui tra i 20 e i 50 anni di età, con un picco di incidenza intorno ai 30 anni.

Colpisce, quindi, persone che sono nel pieno della loro vita, impegnati nel costruire o perfezionare la loro situazione personale, familiare, professionale e tutte le relazioni interpersonali che tali situazioni comportano. La sclerosi multipla, a causa delle peculiari caratteristiche dei danni che provoca al sistema nervoso, comporta un ampio ventaglio di disturbi motori, sensitivi, neurovegetativi e cognitivi. Questi ultimi riguardano circa la metà dei pazienti affetti da tale patologia e hanno, più di altri, una notevole incidenza sulla situazione personale, familiare e lavorativa di tali pazienti.

Attualmente esistono delle terapie farmacologiche che possono modificare l'andamento e il decorso della malattia: solo una parte dei pazienti, purtroppo, ha una risposta positiva a tali terapie; aspetto ancora più problematico, è stato dimostrato, negli ultimi anni, che la sclerosi multipla causa danni non solo alla guaina mielinica degli assoni ma anche alla struttura stessa degli assoni, con conseguente possibile morte dei neuroni. Pertanto, nei pazienti con sclerosi multipla è necessario ricorrere a tutte le misure terapeutiche possibili per diminuire l'impatto della malattia sulle capacità funzionali della persona colpita.

Negli ultimi 30 anni sono stati raccolti molti dati sulle caratteristiche quantitative e qualitative delle compromissioni cognitive che possono verificarsi nei pazienti con sclerosi multipla. Per quanto riguarda la riabilitazione di tali deficit, però, solo recentemente sono comparsi nella letteratura scientifica lavori relativi all'applicazione di programmi rieducativi e alla valutazione della loro efficacia. Così come si era verificato in precedenza per la riabilitazione motoria, la complessità sintomatologica della sclerosi multipla e la consapevolezza che molti pazienti presentano una progressione dei deficit, ha fatto considerare il tentativo riabilitativo come velleitario. Ma già l'andamento spontaneo della malattia in alcuni casi e, in altri casi, gli effetti delle terapie farmacologiche attualmente disponibili, comportano la stabilizzazione del quadro per un lungo periodo. La riabilitazione può permettere un recupero, almeno funzionale, di capacità rese meno valide dalla malattia anche se, nella maggior parte dei casi, mediante processi sostitutivi.

Poiché non sarebbe possibile comprendere il significato, le possibilità e i limiti della riabilitazione delle funzioni cognitive in pazienti affetti da sclerosi multipla, senza avere una idea almeno generale di tale malattia, la prima parte del presente volume si propone di offrire una visione d'insieme degli aspetti epidemiologici, patogenetici e clinici della stessa; particolare rilievo è stato dato agli aspetti cognitivi e psico – emotivi, e alle loro interrelazioni. Saranno trattate, sempre sinteticamente, le relazioni tra disturbi cognitivi e le caratteristiche del danno anatomico evidenziato dagli esami di neuroimaging. Le compromissioni cognitive di più frequente riscontro nei pazienti con sclerosi multipla riguardano l'attenzione, la memoria, le funzioni esecutive, le funzioni visuo-spaziali e, più di rado, il linguaggio. Il rallentamento della capacità di elaborare le informazioni sembra essere presente già nelle fasi relativamente iniziali. Nel caso dei deficit mnesici, le persone affette da sclerosi multipla avrebbero una compromissione nell'acquisizione iniziale delle informazioni dovuta a un deficit in fase di codifica; la rievocazione delle informazioni non sembrerebbe, invece, compromessa in misura significativa. È facile comprendere le ricadute che tali deficit possono avere sugli aspetti funzionali della vita quotidiana del paziente.

Nella parte più specifica del volume, per ogni aspetto della possibile compromissione cognitiva vengono affrontate, alla luce delle più recenti ricerche, le diverse metodiche riabilitative utilizzate, al fine di fornire indicazioni utili per la rieducazione cognitiva dei pazienti con sclerosi multipla.

Il maggior numero di proposte e di dati sperimentali, anche nel settore della rieducazione, riguardano il campo dei deficit della memoria. Ad esempio, similmente a quanto avviene nei pazienti con trauma cranico, anche nei pazienti con sclerosi multipla le capacità di memoria implicita, che permettono l'immagazzinamento inconsapevole di nuove informazioni, sono relativamente integre: una possibilità di rieducazione è data dall'utilizzazione di processi di memoria implicita per l'apprendimento di programmi al computer e/o di sequenze motorie durante la rieducazione fisioterapica. Anche nel caso della rieducazione per altri deficit cognitivi, vengono utilizzate metodiche riabilitative già in uso per altre popolazioni di pazienti, sopratutto i traumi cranici. Si avverte, però, chiara l'esigenza di indirizzare nuove ricerche in tale direzione, per approfondire l'efficacia dei metodi già in uso e per individuarne, eventualmente, di nuovi.

Lo sviluppo di nuove metodiche riabilitative, per quanto all'inizio e ancora una volta limitato al problema dei deficit mnesici, sembra comunque promettente; soprattutto perché ci si muove sulla base delle sempre più specifiche conoscenze sui meccanismi di base del funzionamento cognitivo, perché si segue un approccio metodologico sempre più indirizzato alla valutazione dell'efficacia dei trattamenti, perché si iniziano a sfruttare le potenzialità offerte dalle più recenti applicazioni del neuroimaging funzionale.

Il presente volume vuole sia riassumere lo stato dell'arte che, ancor di più, rappresentare uno stimolo, per le nuove generazioni di coloro che operano nel campo della rieducazione cognitiva, a sviluppare sempre di più le conoscenze teoriche e applicative finalizzate alla strutturazione di progetti rieducativi che rispondano alle pressanti esigenze dei pazienti colpiti dalla sclerosi multipla.

Roma, dicembre 2006   Ugo Nocentini

Indice

Capitolo 1
La sclerosi multipla

Introduzione

La sclerosi multipla (SM) è una malattia infiammatoria, demielinizzante del sistema nervoso centrale (SNC). Questo sintetico inquadramento nosografico non rende ragione delle caratteristiche cliniche della malattia quanto possa, invece, fare il termine "multipla" che ne compone il nome insieme al più misterioso termine "sclerosi" (relativo all'"indurimento" provocato dalle cicatrici che si formano nelle aree di demielinizzazione). Infatti, è la molteplicità, insieme alla variabilità della localizzazione delle lesioni, che può far intuire come questa patologia sia in grado di causare, nello stesso individuo, le più varie disfunzioni del SNC e di rendere praticamente non assimilabili i quadri clinici di due persone pur colpite dalla stessa malattia.

Le prime descrizioni compiute e sistematiche della SM possono essere attribuite a Ollivier D'Angers, Carswell, Cruveilhier, von Frerichs: siamo nella prima metà del XIX secolo; ma il caso di una paziente, quasi sicuramente affetta da questa malattia, era stato descritto già nel XV secolo; di particolare interesse appaiono le descrizioni autobiografiche di disturbi, riconducibili con molta probabilità alla SM, fatte da Sir Augustus D'Estè e dal poeta Heinrich Heine, sempre nella prima metà del XIX secolo (McDonald W.I., 1986; Ebers G.C., 1998).

Tra i primi studiosi che si interessarono a questa patologia, c'è stato Jean Martin Charcot, al quale, anche nel caso della SM, va riconosciuto il merito di aver fornito una descrizione veramente sistematica e completa della malattia, sia dal punto di vista clinico che anatomo-patologico (Charcot J.M., 1877).

In particolare, per quanto riguarda l'aspetto di maggior rilievo per questo volume, quello cioè della compromissione delle funzioni cognitive, proprio Charcot ne aveva indicato la presenza e individuato, con sufficiente accuratezza, gli aspetti del funzionamento cognitivo che più frequentemente potevano essere compromessi.

In questo campo, però, l'insegnamento di Charcot andò perso se, nei 90 anni successivi, i testi di neurologia attribuivano ai deficit cognitivi frequenze decisamente basse (Cottrell S.S. e Wilson S.A., 1926). A parte qualche sporadica voce fuori dal coro (Ombredane A., 1929), solo quando iniziarono osservazioni sistematiche sul funzionamento cognitivo dei pazienti affetti da SM (Surridge D., 1969; Jambor K.L., 1969; Beatty P.A. e Gange J.J., 1977), fu possibile ritornare a sottolineare l'importanza di tale compromissione e a definirne, in sempre maggior dettaglio, le caratteristiche.

Ma prima di descrivere nei particolari quello che sappiamo attualmente su tali argomenti, sarà necessario fornire degli elementi, per quanto essenziali, sulle caratteristiche generali della SM.

Epidemiologia

La SM si riscontra nelle varie regioni e nelle varie popolazioni della Terra con frequenze diverse e, come vedremo a proposito delle ipotesi patogenetiche, queste differenze hanno contribuito alla formulazione delle stesse ipotesi sulle cause della malattia. In generale, le frequenze a cui si fa riferimento negli studi epidemiologici su una malattia sono la prevalenza e l'incidenza: la prevalenza indica il numero di persone affette da una determinata condizione morbosa presenti in un definito ambito geografico (ad es., una nazione, una provincia o il bacino di utenza di un ospedale) in un determinato momento; l'incidenza indica, invece, il numero di persone che sono colpite da una specifica malattia in una definita area geografica in un determinato arco di tempo (solitamente un anno). Pertanto, nel calcolare la prevalenza si tiene conto di tutti i casi accertati di malattia senza considerare l'epoca di insorgenza; per quanto riguarda l'incidenza, andranno conteggiati solo i nuovi casi identificati nell'arco temporale considerato.

Per quanto riguarda la SM, gli studi epidemiologici, così come le ricerche di altra natura, sono resi difficili dalla particolare natura di questa malattia. Infatti, per una ricerca epidemiologica che fornisca informazioni utili alla formulazione e verifica di ipotesi eziopatogenetiche, è necessario poter contare su livelli di accuratezza nella diagnosi che siano sovrapponibili nelle varie regioni del globo e, quindi, su criteri diagnostici che siano condivisi e applicabili nelle varie realtà cliniche. Per quanto riguarda il passato e anche il presente, l'accuratezza nella diagnosi sulla base della applicabilità di chiari criteri non può darsi per scontata nel caso della SM: basti l'esempio dell'utilizzazione dei criteri di risonanza magnetica (RM) per la diagnosi; un altro punto dell'adeguatezza degli studi epidemiologici che presenta difficoltà è quello dell'individuazione di un gruppo di controllo di dimensioni e caratteristiche adatte: la SM è una malattia che, pur avendo una maggiore incidenza in una certa fascia d'età, può in realtà esordire dall'infanzia fino alla settima decade, ma di cui, soprattutto, è proprio il momento dell'esordio a passare spesso misconosciuto.

Un altro aspetto da considerare riguarda il ruolo che giocano nella suscettibilità alla malattia i fattori genetici e razziali, che, seppure non ancora chiaramente identificati, rappresentano senza dubbio delle variabili rilevanti.

Nonostante le difficoltà a cui si è accennato, il numero di studi epidemiologici dedicati alla SM è elevato (Kurtzke J.F., 1997; Ebers G.C. e Sadovnick A.D., 1998 per ampie revisioni sull'argomento). Alcuni studi hanno preso in considerazione il tasso di mortalità attribuibile alla SM in una determinata nazione, area geografica, in aree geografiche diverse all'interno di una stessa nazione, nella stessa epoca o in epoche diverse. Altri studi sono stati focalizzati sugli indici di prevalenza o incidenza a cui si faceva cenno in precedenza, anche in questo caso prendendo in considerazione i parametri geografici e temporali già citati. Tutti questi studi hanno, ovviamente, considerato gli aspetti differenziali legati al sesso e alla razza, ma anche altri aspetti legati ai fattori sociali, economici e culturali. Le informazioni salienti che possono essere derivate da questi studi sono: per quanto riguarda i tassi di mortalità dovuta alla SM, risulta che questi sono più alti nelle zone temperate che in quelle tropicali e subtropicali, più alti in Europa e nell'America del Nord rispetto ad Africa, America del Sud, Asia e regioni mediterranee; tali tassi sono più elevati nelle donne che negli uomini, nei bianchi rispetto ai non bianchi, mentre, almeno per quanto riguarda gli Stati Uniti, non vi sarebbero differenze significative tra aree urbane e aree rurali.

Gli studi di prevalenza e incidenza sembrano confermare i dati già desumibili dagli studi di mortalità, come la maggiore suscettibilità delle donne rispetto agli uomini, e dei bianchi rispetto agli altri gruppi razziali e il maggior numero di casi nelle zone temperate del pianeta; questi studi hanno evidenziato altri dati di maggior dettaglio: la prevalenza della SM cresce man mano che ci si allontana dall'equatore, sia nell'emisfero nord che nell'emisfero sud; è possibile rilevare un gradiente nord-sud in varie aree geografiche, dall'Europa alle Americhe all'Asia, anche se la latitudine non modifica le differenze nella prevalenza tra macroregioni del mondo (es. Europa versus Asia); le regioni in cui si riscontrano i maggiori indici di prevalenza e incidenza sembrano quelle che sono economicamente più ricche e sviluppate, industrializzate e con un sistema sanitario più avanzato.

I dati epidemiologici sopra riportati, pur avendo ricevuto numerose conferme, sono stati recentemente messi, almeno in parte, in discussione da dati su indici di prevalenza e incidenza elevati riscontrati in regioni del Mediterraneo, come la Sardegna e la Sicilia (Rosati G., 1994; Rosati G. et al., 1996; Ragonese P. et al., 2004): soprattutto nella prima sono stati individuati tassi elevati (intorno ai 150 casi su 100.000 abitanti, i più alti nell'Europa mediterranea e tra i più alti al mondo), mentre un dato da interpretare è quello relativo alla notevole differenza nei tassi di prevalenza tra la Sicilia (tassi di prevalenza tra 45 e 61 casi su 100.000 abitanti) e Malta (4 casi su 100.000).

Per quanto riguarda l'Italia continentale globalmente considerata, si calcola una prevalenza media di 40-70 casi su 100.000 abitanti, con un minimo di 35 casi a Salerno e un massimo di 90 in Valle d'Aosta, ma anche quest'ultimo dato sembra dipendere da fattori di genetica di popolazione più che da fattori legati alla latitudine (Rosati G., 2001). Si stima che nella nostra nazione vi sia un totale di circa 50.000 malati; come abbiamo visto, sembra che nel nostro paese vi siano eccezioni considerevoli all'ipotesi del gradiente nord-sud.

Eziologia e patogenesi

Come già accennato, un aspetto fondamentale della utilità degli studi epidemiologici risiede nell'uso dei dati ottenuti per rispondere alla domanda fondamentale sulle possibili cause della malattia. Ad esempio, un certo tipo di risultanze andrebbe a favore di un ruolo prevalente dei cosiddetti fattori ambientali, mentre dati diversi favorirebbero una diversa ipotesi eziologica.

In realtà, le differenze geografiche possono avere diverse interpretazioni: infatti, i gradienti geografici potrebbero essere dovuti non a fattori ambientali (clima, presenza di determinati patogeni, ecc.) ma a fattori razziali e/o genetici, poiché alcune regioni del globo sono abitate in prevalenza da popolazioni con una determinata origine ancestrale; anche per questa ipotesi, vi sono dei dati che non si riescono a spiegare: se, ad esempio, ci basiamo sulla rilevanza della origine scandinava in quelle popolazioni che presentano alti indici di prevalenza e incidenza, dovremo comunque spiegare gli indici veramente elevati riscontrati in Sardegna, dove l'ancestralità scandinava non appare particolarmente rilevante.

Pertanto, quando andiamo a considerare i dati sulla distribuzione geografica della SM, non dobbiamo dimenticare i fattori, indipendenti dalla malattia, che possono far variare il risultato delle rilevazioni: la capacità di individuare tutti i casi in conseguenza delle possibilità diagnostiche, della metodologia e della precisione delle rilevazioni; la differente accuratezza intrinseca tra gli studi di incidenza e quelli di prevalenza; l'influenza del diverso grado di funzionalità e di organizzazione dei sistemi sanitari (tenuta di registri, influenza sulla sopravvivenza dei pazienti); gli effetti dei fenomeni di immigrazione ed emigrazione.

Per quanto riguarda le informazioni che possono derivare da eventuali variazioni nella incidenza della SM nel corso del tempo, un fattore di forte confondimento è rappresentato dalle differenze nelle possibilità diagnostiche tra epoche diverse, anche non troppo distanti.

Di particolare interesse, nell'ottica di suggerire eventuali ipotesi eziologiche, appare l'individuazione dei cosiddetti raggruppamenti di casi, cioè il riscontro in una piccola area geografica, di un numero di casi molto più elevato rispetto ad aree limitrofe e, quindi, con caratteristiche ambientali generali simili: tale riscontro sembrerebbe indirizzare in prima ipotesi su cause ambientali, anche se solo un adeguato controllo degli altri fattori, ad es. quelli relativi alla costituzione genetica dei soggetti interessati, permetterebbe di chiarire il peso reale di quelli ambientali: in effetti, il riscontro di alcuni raggruppamenti di casi non ha permesso di chiarire né se ci si trovava di fronte a un problema solo ambientale né tanto meno di specificare meglio la natura di tali fattori ambientali (ad es., sostanze tossiche o agenti infettivi).

Nell'ipotesi che l'eziologia della SM sia di natura infettiva, ci si potrebbe aspettare il riscontro di episodi di tipo epidemico in occasione di circostanze favorenti. I sostenitori della ipotesi infettiva ritengono che situazioni assimilabili a epidemie si siano realmente verificate nelle Isole Faroe, a partire dal 1943: gli abitanti delle suddette isole avrebbero acquisito l'infezione causale dalle truppe inglesi, che giunsero sulle isole durante la II Guerra mondiale; l'infezione sarebbe stata, poi, trasmessa alle successive generazioni di autoctoni delle isole; quando questi individui avessero raggiunto l'età di suscettibilità allo sviluppo della malattia, si sarebbero verificati altri episodi epidemici (Kurtzke J.F. et al., 1995). Se da una parte è stato possibile constatare, mediante l'osservazione longitudinale della popolazione delle Faroe, che episodi a carattere epidemico si sono effettivamente verificati a intervalli di tempo regolari, dall'altro, nonostante tutti gli sforzi, non è stato possibile identificare l'agente infettivo.

Allo scopo sempre di chiarire almeno il reciproco peso dei fattori ambientali e di quelli genetici/costitutivi, attenzione è stata dedicata ai tassi di incidenza e prevalenza in relazione alla condizione di migranti: tali studi darebbero maggior rilievo ai fattori ambientali, poiché si assiste a un aumento del rischio passando da aree geografiche a bassa incidenza-prevalenza ad aree geografiche ad alta incidenza-prevalenza e viceversa; tale variazione del rischio riguarda, però, solo i soggetti con una età inferiore ai 15 anni al momento della migrazione (Kurtzke J.F. et al., 1985). I dati desunti dall'osservazione dei soggetti migranti sono, però, esposti all'influenza di una serie di fattori di confondimento che non è stato, finora, possibile chiarire e che riguardano soprattutto le peculiarità della condizione di migrante: colui che migra ha caratteristiche differenziali sia rispetto alla popolazione della regione da cui parte, sia rispetto alla popolazione della regione in cui si stabilisce.

Se i dati sui raggruppamenti di casi e sulle migrazioni e, ancor più, quelli sull'occorrenza di epidemie pesano a favore del ruolo eziologico di agenti ambientali, e in particolare di quelli infettivi, le conclusioni desumibili dall'osservazione epidemiologica delle famiglie ribadiscono l'influenza dei fattori genetici: il rischio di malattia è più elevato tra i consanguinei di un malato di SM che nella popolazione generale; esiste un grado di concordanza per la malattia molto più alto tra i gemelli monozigoti che tra i gemelli dizigoti; l'incidenza della SM nei coniugi dei malati e il rischio di malattia dei figli adottati da genitori con SM non sono superiori a quanto si riscontra nella popolazione generale.

Anche le differenze di tipo razziale nella incidenza e prevalenza della SM rappresentano un elemento a favore del ruolo di fattori genetici più che di fattori ambientali; infatti, il fattore razziale sembra agire indipendentemente, ad esempio, dai fattori climatici e dalle abitudini di vita che pure si presentano in associazione all'elemento razziale. Anche in questo caso, però, non è possibile andare oltre il dato che le razze caucasiche o, al più, la discendenza scandinava rappresentano un elemento di rischio di ammalarsi di SM. Un ulteriore elemento di interesse proprio della relazione tra appartenenza razziale e SM risiede nelle differenze riscontrabili a livello di manifestazioni cliniche e di fattori prognostici.

Se si vuole attribuire un ruolo ai fattori genetici, e senza dubbio non ci troviamo di fronte a una ereditarietà di tipo mendeliano, dobbiamo ipotizzare l'influenza di più geni, una determinata combinazione dei quali non è comunque in grado di causare direttamente la patologia, ma piuttosto determina una più elevata suscettibilità ad altri fattori eziologici. Molti geni o gruppi di geni sono stati associati con maggiore frequenza alla presenza della malattia. Tra questi i più studiati sono i geni che codificano per gli antigeni leucocitari umani e, in particolare, del complesso maggiore di istocompatibilità, ma con l'aumentare delle possibilità di individuazione del patrimonio genetico umano l'attenzione dei ricercatori si è rivolta a molti altri determinanti genici, tra cui quelli dei recettori dei linfociti T, delle immunoglobuline, delle proteine mieliniche, dei fattori del complemento, delle citochine, dei fattori di crescita degli oligodendrociti, delle molecole di adesione, delle molecole costimolatorie della cascata infiammatoria. Tutti gli studi sul ruolo della differenziazione genica che sottende le diversità fenotipiche che potrebbero aumentare la suscettibilità alla SM, non hanno dato risultati concordanti. Pertanto, permane un notevole grado di incertezza nei riguardi della specificità dell'elemento genico alla base della SM. Non si deve, d'altronde, dimenticare quanto ci sia ancora di poco noto o ignoto nel campo della fisiologia e della patologia dei meccanismi immunitari.

Quindi, per quanto riguarda l'eziologia della SM, le conoscenze disponibili sembrerebbero suggerire una eziologia multifattoriale: un individuo suscettibile allo sviluppo della malattia, per ragioni probabilmente connesse alla sua costituzione immunitaria, incontra a una età specifica e critica (infanzia o prima adolescenza) un fattore ambientale, probabilmente di natura infettiva: questa combinazione di situazioni ed eventi porta all'insorgenza della SM.

La genesi multifattoriale della SM rende particolarmente complesso il compito della individuazione di fattori eziologici più specifici all'interno dei generici campi genetici e ambientali.

Ad esempio, i risultati di diversi studi (Fotheringham J. e Jacobson S., 2005; Christensen T., 2006, per revisioni sul tema), condotti negli ultimi anni, sembrerebbero indicare un ruolo importante di infezioni virali (virus della famiglia Herpes) nell'avviare l'alterazione immunitaria che porterebbe all'insorgenza della SM; ma non si può, comunque, affermare che tali infezioni siano la causa unica della malattia, poiché non tutte le persone che subiscono una infezione da tali virus sviluppano la SM.

Pur rimanendo l'individuazione della eziologia lontana da una soluzione, negli ultimi anni i maggiori progressi nella comprensione delle caratteristiche della SM sono stati fatti nel campo della patogenesi delle lesioni che costituiscono il marker anatomo-patologico della malattia: le cosiddette placche.

Tra i meccanismi patogenetici, il più frequentemente riscontrato è quello della demielinizzazione dovuta all'azione di cellule immunocompetenti come i macrofagi o i linfociti T (infiltrato infiammatorio) sia attraverso la liberazione di citochine, produzione di radicali liberi e altri fattori, sia per azione distruttiva diretta; tale demielinizzazione è tipicamente localizzata intorno alle piccole vene che attraversano la sostanza bianca encefalica e midollare; in queste lesioni sono presenti anche plasmacellule e, nelle fasi di maggiore attività di distruzione della mielina, anche precipitati di immunoglobuline e fattori del complemento; insieme a modesti fenomeni di reazione gliotica e di perdita assonale, si evidenziano fenomeni di remielinizzazione.

Nelle più rare evenienze di cosiddette placche iperacute, i fenomeni distruttivi sono di maggiore entità e riguardano gli assoni, gli oligodendrociti e gli astrociti; l'infiltrazione macrofagica è di maggiore entità.

In altre situazioni la demielinizzazione sembra mediata prevalentemente dall'attività anticorpale; tali anticorpi sarebbero prodotti da plasmacellule a localizzazione perivenulare ed esercitano la loro azione o direttamente o mediante l'attivazione dei fattori del complemento.

In altri casi ancora, sembrerebbe che il bersaglio primario del processo patologico siano gli oligodendrociti, dei quali è possibile osservare una deplezione particolarmente importante; il danno mielinico rappresenterebbe allora un processo secondario alla sofferenza oligodendrocitaria; si dibatte se, in questi casi, vi sia una intrinseca fragilità degli oligodendrociti o se essi siano aggrediti selettivamente da linfociti e macrofagi.

Un'ulteriore possibilità è rappresentata dalla prevalenza di danno mielinico diretto, a localizzazione parenchimale e non perivenulare; gli oligodendrociti sono fortemente ridotti, a causa di importanti fenomeni di apoptosi; così come sembrerebbe accadere nella situazione descritta in precedenza, tale perdita di oligodendrociti rende difficile il processo di remielinizzazione.

Clinica

Gli aspetti clinici della SM possono essere esaminati sotto diverse angolazioni: in base all'andamento temporale della malattia; in base alle caratteristiche sintomatologiche e semeiologiche; in base a particolari localizzazioni del danno.

Sulla base dell'andamento temporale è stata elaborata la più nota classificazione dei sottotipi o forme cliniche di SM. Quelli abitualmente presi in considerazione sono i sottotipi (Lublin F.D. e Reingold S.C., 1996):

– Recidivante - Remittente (RR): è la più frequente forma della malattia: è caratterizzata dal verificarsi nel tempo, dopo l'episodio di esordio, di ulteriori episodi acuti o subacuti (recidive o ricadute) con sintomi e segni neurologici obiettivi indicativi di interessamento di uno o più sistemi neurologici; solitamente, la sintomatologia e i corrispondenti segni giungono a un acme nell'arco di qualche giorno, possono stabilizzarsi per qualche altro giorno per poi regredire in un tempo variabile da una a tre settimane; la regressione (remissione) può essere completa, con recupero dello stato funzionale preesistente all'episodio, o parziale, con sequele e deficit persistenti; nei periodi tra una recidiva e l'altra non si assiste a una progressione della compromissione funzionale. Una recidiva viene considerata come tale sia se è caratterizzata da deficit neurologici mai verificatisi in precedenza sia se si assiste al ripresentarsi di un deficit verificatosi nel passato e completamente regredito o a un chiaro peggioramento di un deficit residuo. Se i deficit si presentano nel corso di un episodio febbrile o di un'altra condizione patologica generalizzata si tende a non considerarli come segno di una recidiva. Ugualmente, se i deficit sono di breve durata non vengono interpretati come un nuovo episodio di ricaduta. Nei protocolli di ricerca si prende in considerazione una durata di almeno 24, ma a volte anche di 48, ore ai fini della individuazione delle recidive. Se, però, deficit, anche di breve durata, si verificano più volte nell'arco della giornata e per più giorni si considerano come una recidiva.

– Secondariamente Progressiva (SP): non è una forma di esordio della malattia, ma si presenta dopo un periodo, più o meno lungo, caratterizzato dalla forma

RR; la fase progressiva comporta un peggioramento continuo dei deficit neurologici, in cui si possono inserire episodi di recidiva o fasi di stabilizzazione e, anche se più raramente, dei miglioramenti. Sia i tempi e i modi di passaggio dalla forma RR alla forma SP sia la rapidità della progressione sono estremamente variabili da paziente a paziente.

- Primariamente Progressiva (PP): questa forma è caratterizzata da un andamento progressivo fin dall'inizio; la progressione può essere interrotta da fasi di stabilizzazione e anche di lieve miglioramento.

- Progressiva - Recidivante (PR): anche in questa forma si assiste a una andamento progressivo fin dall'inizio, ma in questo caso si inseriscono su tale andamento evidenti episodi di recidiva a cui può seguire un recupero più o meno completo dei deficit che hanno caratterizzato l'episodio acuto.

Oltre a queste forme di malattia o tipologie di andamento, in alcune classificazioni ne vengono riportate anche altre, che sono, però, o abbastanza rare o di più difficile identificazione: ci si riferisce alla forma maligna e alla forma benigna di SM. La prima presenta una progressione assai rapida con conseguente significativa disabilità a carico di più funzioni neurologiche o morte del paziente in un tempo relativamente breve dall'esordio della malattia. La forma benigna, dal punto di vista clinico (Bashir K. e Whitaker J.N., 2002), è definita come una forma in cui a distanza di 15 anni dall'esordio non si è raggiunto un grado significativo di disabilità (solitamente inferiore a 3.5 punti di EDSS); in realtà, tale benignità non sempre è confermata nel caso di follow-up di più lunga durata, perché, se si prolunga l'osservazione fino a trent'anni e oltre, si può assistere a un incremento significativo della disabilità.

Le situazioni in cui a livello di RM o di riscontro autoptico si evidenzino dei quadri compatibili con la SM, senza che vi sia un'anamnesi di deficit neurologici o con una storia di un episodio acuto, non seguito da ulteriori ricadute o progressione di malattia, anche se a volte sono annoverate come forme benigne, andrebbero considerate forme fruste.

Sempre facendo riferimento a un criterio temporale, viene a volte citata la cosiddetta SM transizionale, facendo, però, riferimento a due diverse situazioni, una in cui un decorso progressivo si presenta dopo mesi o anni da un episodio acuto con caratteristiche compatibili con la SM, l'altra relativa al periodo libero da attività di malattia tra la fase recidivante-remittente e quella secondariamente progressiva.

Caratteristiche della fase di esordio

Anche se non è possibile indicare una particolare tipologia sintomatologica e semeiologica di esordio, pur tuttavia tra i molteplici sintomi e segni che possono essere causati da questa malattia ve ne sono alcuni che più frequentemente caratterizzano il primo episodio. Va, comunque, menzionato che tuttora, anche se in misura minore che nel passato, un primo ipotetico episodio della SM viene ricostruito sulla base della descrizione a posteriori da parte del paziente e/o dei suoi familiari di un evento patologico più o meno remoto, interpretato all'epoca come un evento di scarsa rilevanza o non collegato alla possibilità della SM.

Le caratteristiche dell'esordio variano in base all'età del paziente al momento del primo episodio: i disturbi motori sembrano rappresentare la più frequente modalità di esordio in qualsiasi fascia d'età, ma, mentre sono nettamente prevalenti quando l'esordio si verifica in età tardiva, la prevalenza è meno netta negli esordi in età giovanile; nella fascia d'età che va dai 18 ai 25 anni, un quadro di esordio molto frequente è quello della Neurite Ottica Retro-Bulbare (NORB), che diviene meno frequente come quadro di esordio nelle fasce d'età superiori. È necessario ricordare, a proposito del nervo ottico, che questo e l'olfattivo, non sono veri nervi ma estroflessioni dell'encefalo: la mielina presente in questi nervi viene prodotta da oligodendrociti e non dalle cellule di Schwann, come avviene negli altri nervi cranici e spinali.

Anche i disturbi della oculomozione caratterizzano più frequentemente l'esordio nei pazienti più giovani, rispetto ai pazienti relativamente più anziani.

I disturbi delle sensibilità somatiche sembrano avere frequenze, come sintomatologia d'esordio e sempre in relazione alle fasce d'età, abbastanza simili a quanto si osserva per i sintomi motori.

I disturbi cerebellari sembrano avere una frequenza come sintomi di esordio che non cambia al variare dell'età del paziente.

Se i sintomi e segni neurologici sopra menzionati sono comunque tutti di abbastanza frequente riscontro all'esordio della malattia, sia come quadri isolati che variamente combinati tra di loro, vi sono molti altri deficit da interessamento del SNC che, pur presentandosi con frequenze molto minori all'esordio, possono comunque rappresentare l'apparire della SM. Nei casi in cui un determinato sintomo o segno neurologico non evochi chiaramente la possibilità della SM, sono spesso gli esami strumentali, e più di tutti l'esame di RM, che aggiungono elementi di sospetto per la diagnosi di tale malattia.

Tra i sintomi e segni che raramente segnano l'esordio della SM vanno annoverati: interessamento isolato di nervi cranici diversi dal nervo ottico e dagli oculomotori, ad esempio la nevralgia trigeminale o le paresi del facciale; disturbi parossistici e manifestazioni epilettiche; disturbi delle funzioni cognitive e disturbi psichiatrici; disfunzioni urogenitali. Tutti questi quadri hanno una frequenza superiore, in alcuni casi in misura notevole, durante il decorso della malattia rispetto a quanto può essere osservato all'esordio.

Come già accennato, l'episodio di esordio può essere monosintomatico, dovuto cioè all'interessamento di un solo sistema neurologico, o essere caratterizzato dall'associazione di segni e sintomi che indicano il contemporaneo coinvolgimento di più sistemi. In questo caso non è detto che si abbiano localizzazioni multiple delle lesioni, ma una singola lesione o lesioni molto vicine, ad es. a livello midollare, possono causare disturbi motori, sensitivi, urogenitali. Nelle fasce di età più precoci l'esordio è solitamente acuto, mentre in caso di esordio in età più avanzata è più frequente l'andamento progressivo.

Sintomatologia

La SM, a causa delle caratteristiche di casuale e multipla distribuzione spaziale delle lesioni, può dare luogo a sintomi e segni da interessamento di qualsiasi settore del SNC, anche se, come già descritto per gli episodi d'esordio, alcuni disturbi sono frequenti e altri rimangono rari.

Disturbi da interessamento del sistema piramidale

Le caratteristiche di tali disturbi sono deficit di forza (debolezza), incremento del regime dei riflessi osteotendinei, comparsa di riflessi patologici, incremento del tono muscolare (spasticità); i deficit di forza interessano solitamente in modo ineguale i vari settori corporei, anche se, già nella fase precoce di malattia, è piuttosto frequente che si instauri una paraparesi di gravità variabile. Per quanto riguarda i riflessi, un aspetto considerato tipico della SM è la scomparsa dei riflessi addominali. Tra gli elementi patologici di frequente riscontro nei pazienti con SM ci sono i riflessi patologici, tipo segno di Babinski e di Hoffman, e i cloni, del piede o rotuleo. L'interessamento focale del sistema piramidale con deficit motori limitati a un solo arto superiore o a settori muscolari ancora più ristretti, così come una compromissione motoria limitata agli arti superiori, rappresentano situazioni di meno frequente o raro riscontro.

Deficit delle sensibilità somatiche

Si tratta della sintomatologia di più comune riscontro nei pazienti con SM, poiché la comparsa di deficit delle sensibilità si verifica, in qualche momento del decorso, praticamente in tutti i pazienti. Tali deficit non hanno caratteristiche distintive rispetto a quanto può verificarsi in altre patologie, a eccezione della evenienza, piuttosto frequente, in cui si osserva una distribuzione irregolare della diminuzione o della perdita delle sensibilità tattile e/o termo-dolorifica, ma anche tale distribuzione può presentarsi in altre evenienze patologiche. Nella SM tale localizzazione irregolare è il risultato delle caratteristiche delle lesioni. Molto frequenti sono pure le compromissioni sensoriali dovute all'interessamento dei cordoni midollari posteriori: tali deficit riguardano più frequentemente gli arti inferiori. Ugualmente frequenti sono i sintomi positivi legati all'interessamento dei sistemi delle sensibilità somatiche: le parestesie e le disestesie.

Sintomatologia dolorosa

Vari tipi di dolore possono comparire in conseguenza della SM; nel complesso la loro incidenza è piuttosto alta e forse tale sintomatologia è sottostimata; a parte i dolori parossistici (ad es. dolori nevralgici), si riscontrano dolori neuropatici cronici e dolori muscolo-scheletrici: i primi riguardano più spesso gli arti inferiori e hanno caratteristiche variabili; i secondi riconoscono più elementi causali.

Disturbi visivi

Sono dovuti prevalentemente all'interessamento del nervo ottico, che, come evidenziato dall'esame dei Potenziali Evocati Visivi (PEV), può subire alterazioni mieliniche anche senza apparente evidenza clinica. I disturbi visivi da infiammazione e demielinizzazione a carico del nervo ottico sono: riduzione della acuità visiva (che non è correggibile con lenti), difetti di campo visivo (prevalentemente scotomi, frequentemente centrali e paracentrali, con allargamento della macchia cieca; raramente a tipo quadrantanopsia o emianopsia, da imputare a lesioni a carico delle radiazioni ottiche), riduzione della discriminazione cromatica, anormalità pupillari. Il quadro della NORB, già citato in precedenza, è caratterizzato, nella sua presentazione più tipica, da: riduzione dell'acuità visiva, sensazione di un velo grigio o di nebbia fino al completo oscuramento della visione, scotomi, ridotta discriminazione dei colori, dolore nei movimenti oculari (a volte l'unico sintomo); anche per la NORB si assiste abitualmente a un recupero completo o parziale delle funzioni compromesse, ma episodi particolarmente gravi e, soprattutto, ripetuti possono portare a una compromissione permanente e a volte, anche se raramente, completa della funzione visiva; un segno obiettivabile del danno cronico e grave del nervo ottico sono il pallore e l'atrofia della papilla ottica riscontrabili all'esame del fundus.

Disturbi cerebellari

Possono presentarsi acutamente nell'episodio di esordio e nelle recidive, ma avere anche un andamento lentamente progressivo; rappresentano una componente rilevante nella determinazione della disabilità. Si può osservare una sindrome atassica completa (disturbi dell'equilibrio, della eumetria, della diadococinesia, della coordinazione motoria, del tono, disartria), segni cerebellari lateralizzati, disartria cerebellare isolata, nistagmo; alcuni disturbi cerebellari possono presentarsi in modo parossistico. Disturbi di tipo cerebellare possono essere causati da lesioni che interessano direttamente la sostanza bianca cerebellare o le vie afferenti a vario livello, ma ciò può essere differenziato anche a livello clinico sulla base, ad esempio, di prove come quella di Romberg.

Disturbi da interessamento del tronco cerebrale

Sotto tale voce possono ovviamente entrare anche i disturbi motori e cerebellari, ma essendo essi considerati separatamente perché legati alla lesione di specifici sistemi neurologici, si fa riferimento, con tale dicitura, ai disturbi da interessamento dei nervi cranici e del sistema vestibolare o alla sindrome bulbare.

Nel caso dell'interessamento della porzione bulbare del tronco cerebrale si presenta una sintomatologia caratterizzata da disfagia e disartria, alterazioni delle sensibilità a carico della bocca e della faringe; se, invece, il danno riguarda i tratti cortico-bulbari, si ha la cosiddetta sindrome pseudobulbare che, oltre alla disartria e alla disfagia da danno sopranucleare, si presenta con incontinenza emotiva, riso e pianto spastico.

Le situazioni di più frequente coinvolgimento dei nervi cranici sono i disturbi della oculomozione, la paresi del facciale e i deficit delle sensibilità da danno trigeminale; anche il nistagmo, un segno di frequente riscontro nei pazienti con SM, può essere causato da lesioni localizzare nel tronco cerebrale.

I disturbi dei movimenti oculari riscontrabili nella SM sono vari: un quadro particolare è l'oftalmoplegia internucleare, di frequente riscontro sia come sintomatologia d'esordio che nel corso della malattia: si presenta con una paresi o paralisi dell'adduzione da un lato e nistagmo abduttorio controlaterale a frequenza, ritmo e ampiezza variabili (nistagmo atassico); l'oftalmoplegia internucleare è dovuta a lesione del fascicolo longitudinale mediale ipsilaterale al lato in cui è presente il deficit dell'adduzione; l'oftalmoplegia internucleare è spesso bilaterale. Quando dallo stesso lato della lesione del fascicolo longitudinale mediale è presente un deficit del VI nervo cranico, si parla di sindrome uno e uno e mezzo. Di frequente riscontro sono anche le paresi o paralisi del VI paio di nervi cranici, mentre i deficit isolati da interessamento del III o IV paio di nervi cranici sono più rari.

Le paresi del facciale possono presentarsi sia con la caratteristica della paresi periferica che di quella centrale; il quadro "periferico" è dovuto o a lesione del nucleo del VII n.c. o a lesione dei suoi assoni appena dopo il nucleo, quindi localizzabile nella sostanza bianca troncale. La frequenza della forma periferica è piuttosto bassa, intorno al 5 %; la paresi del facciale è spesso associata a paralisi del VI n.c. L'esordio della SM può essere caratterizzato da episodi recidivanti, a breve distanza di tempo, di paresi del VII, sia di un solo lato che dei due lati, alternativamente.

La sintomatologia deficitaria trigeminale è caratterizzata da ipoestesia o anestesia per le varie modalità della sensibilità somatica (tattile, termodolorifica, propriocettiva) nei territori di innervazione del trigemino, con interessamento di una, due o tutte e tre le branche trigeminali; sensazioni parestesiche (addormentamento) nel cavo orale; la sintomatologia deficitaria difficilmente si associa alla nevralgia trigeminale; vi possono essere iperestesia o iperalgesia nei territori interessati.

Disfunzioni cognitive e disturbi psichiatrici
Questi aspetti rappresentano elementi importanti, per frequenza e impatto sulle capacità funzionali, del quadro clinico dei pazienti con SM. Alla luce del tema specifico di questo volume, alla descrizione di tali aspetti verrà dedicata un'apposita sezione.

Disfunzioni autonomiche
Le più frequenti disfunzioni autonomiche riscontrabili nei pazienti con SM riguardano le funzioni vescicali, intestinali e sessuali; questi disturbi sono molto frequenti, anche in senso assoluto, nell'ambito delle possibili compromissioni causate dalla SM.
Disturbi vescicali: possono presentarsi tre quadri: iperattività o mancata inibizione vescicale; ipoattività o flaccidità vescicale; dissinergia sfinterico-detrusoriale.
Il primo quadro è caratterizzato da una difficoltà o incapacità nell'accumulare urina in vescica, per una riduzione dei volumi vescicali con iperattività o iperreflessia del muscolo detrusore vescicale; la sintomatologia è costituita da: minzioni frequenti, urgenza minzionale, necessità di minzioni notturne, incontinenza urinaria. Questa disfunzione si accompagna a importante spasticità a carico degli arti inferiori e peggiora in relazione a essa; ugualmente una influenza negativa sulla vescica iperattiva è esercitata dalle infezioni urinarie.

L'ipoattività vescicale è caratterizzata dalla presenza di una vescica di grandi dimensioni con ridotto tono della muscolatura; sintomi caratteristici sono: esitazione (difficoltà) nell'inizio della minzione, ritenzione urinaria, incontinenza da rigurgito.

Il terzo quadro, la dissinergia sfinterico-detrusoriale, è dovuto appunto a una mancanza di coordinazione tra l'attività del muscolo detrusore e dello sfintere vescicale esterno, per cui si presenta una situazione che comprende sia l'aumentata frequenza delle minzioni con urgenza e possibile incontinenza, sia l'esitazione e la ritenzione: quest'ultimo quadro è probabilmente quello di più frequente riscontro nella SM.

Una conseguenza importante dei disturbi vescicali è rappresentata dal notevole rischio che essi comportano per il verificarsi di infezioni delle vie urinarie, con possibilità di infezioni generalizzate (sepsi di origine urinaria) e interessamento dei reni con conseguente alterazione della funzione di questi organi.

Da un lato, come accennato in precedenza, la spasticità agli arti inferiori influenza lo stato della contrazione vescicale e, del resto, si riscontrano correlazioni significative tra il grado di disabilità motoria da interessamento del sistema piramidale e il grado dei disturbi vescicali; dall'altro le infezioni vescicali e delle vie urinarie influenzano in senso peggiorativo l'ipertonia piramidale degli arti inferiori.

Disfunzioni intestinali: si possono avere più frequentemente costipazione, ma anche urgenza fecale fino all'incontinenza; a provocare tali disturbi concorrono, probabilmente, più fattori in parte relativi alle disfunzioni nel funzionamento degli sfinteri anali, interno ed esterno, in parte relativi a problemi alimentari, psicologici, gestionali.

Disfunzioni sessuali: sembrano essere più frequenti negli uomini rispetto alle donne; nei primi le disfunzioni della erezione sono le più comuni, con gravità variabile, ma si rilevano anche disturbi della eiaculazione e della fase dell'orgasmo. Nelle donne si riscontrano anorgasmia, secchezza vaginale e riduzione della libido. Le disfunzioni sessuali anche nei pazienti con SM possono riconoscere causalità di ordine primariamente organico diretto (alterazioni delle sensibilità nella regione perineale, alterazioni nella innervazione vegetativa), essere in relazione a deficit fisici di altra natura (problemi di motilità e tono degli arti inferiori, disfunzioni vescicali ed intestinali, fatica), ma derivare anche da problemi di ordine psicologico (disturbi dell'umore, imbarazzo, perdita di interesse e dell'autostima).

Altri disturbi delle funzioni autonomiche possono essere presenti nei pazienti con SM; si tratta, per lo più, di disturbi infrequenti tra cui: disturbi della respirazione, del controllo della temperatura corporea, della sudorazione, del bilancio idrico, del ritmo e dell'attività cardiaca, delle funzioni dell'apparato vascolare (arti inferiori, cute) e del controllo della pressione arteriosa.

Disturbi di difficile localizzazione o interpretazione

Fatica: la fatica collegata alla SM viene definita o come una sensazione di stanchezza sproporzionata rispetto allo sforzo compiuto, o come una sensazione di debolezza, di incapacità a generare sufficiente forza muscolare o come l'incapacità di sostenere prestazioni fisiche o mentali; il Multiple Sclerosis Council for Clinical Practice Guidelines l'ha definita (1998) come "una carenza soggettiva di energia fisica e/o mentale percepita dal soggetto o dal *caregiver* come una interferenza con le attività usuali e desiderate". Comunque la si voglia definire, la fatica (o faticabilità) rappresenta un disturbo molto frequente nei pazienti con SM; il suo impatto sulla efficienza dei pazienti è, in molti casi, importante e numerosi pazienti considerano tale disturbo come il più problematico tra quelli che avvertono (Krupp L.B. et al., 1988; Bergamaschi R. et al., 1997; Fisk J.D. et al., 1994). È spesso presente già nella fase di esordio della malattia e accompagna, poi, il paziente per tutto il decorso, con incremento e decremento dell'intensità del fenomeno a volte non spiegabile, a volte collegabile a una recidiva, ad altre patologie intercorrenti o a situazioni che hanno causato un incremento della temperatura corporea (esercizio fisico, specie se eccessivo; esposizione ad alte temperature). L'intensità della fatica può essere da lieve a grave e non appare significativamente correlabile ai livelli di disabilità. Di solito presenta un andamento temporale all'interno di una stessa giornata, con i livelli più bassi al risveglio mattutino o dopo periodi di riposo e i livelli più alti alla sera.

È stata proposta una distinzione tra fatica cronica e fatica acuta.

Le cause della fatica nei pazienti con SM sono tuttora sconosciute: anche per quanto riguarda le correlazioni con altri disturbi, non ne sono state trovate di particolarmente rilevanti; anche il grado di disabilità, come già detto, e i parametri di RM non correlano con le misure della fatica. Le correlazioni con lo stato dell'umore, anche se più salienti, non sono, comunque, univoche: questi fattori devono essere, probabilmente, inseriti in un modello causale multifattoriale.

Come già accennato, la fatica è descritta anche come difficoltà a sostenere prestazioni mentali; i pazienti con SM si lamentano di problemi nel portare avanti un compito cognitivo per un periodo prolungato: il tentativo di individuare una relazione tra fatica, in senso generale, e decremento delle performance in prove neuropsicologiche ha dato risultati discordanti; ma poiché la fatica "cognitiva" potrebbe essere qualcosa di diverso dalla fatica fisica, altri studi hanno cercato di valutare se la fatica cognitiva è un fenomeno consistente. Solo una ricerca recente (Krupp L.D. e Elkins L.E., 2000) ha evidenziato dei fenomeni consistenti collegabili ad un problema di affaticamento cognitivo, mentre studi precedenti non li avevano identificati (Johnson S.K. et al., 1997; Paul R.H. et al., 1998).

Le ipotesi eziopatogenetiche della fatica nella SM prendono in considerazione fattori relativi a: a) l'alterata regolazione del sistema immunitario (ruolo delle citochine); b) meccanismi propri del SNC (caratteristiche del reclutamento delle aree cerebrali, ruolo delle aree pre - frontali e dei gangli della base); c) la compromissione della conduzione dell'impulso nervoso (dispersione delle cariche elettriche); d) alterazioni neuroendocrine e neurotrasmettitoriali (relazioni tra citochine e sistema endocrino, alterata regolazione dell'asse ipotalamo-ipofisario-surrenalico); e) il ruolo del sistema nervoso vegetativo, anche se i dati sulla sregolazione autonomica nei pazienti con SM non sembrano lineari; f) l'esaurimento dei fattori energetici.

È molto probabile che più di uno tra i meccanismi causali appena elencati contribuisca alla genesi di questo fenomeno sia in generale che nel singolo individuo.

Cefalea: le cefalee sono abbastanza frequenti nei pazienti con SM, ma si ritiene che si tratti di una coincidenza dovuta all'alta frequenza delle prime. Alcuni tipi di cefalea, ad es. quella muscolo-tensiva, sono più frequenti; tale tipo di cefalea sembra legato ai fenomeni a carico della muscolatura cervicale o dello scalpo, dove possono essere presenti spasmi. In altri casi la cefalea è legata o a vaste lesioni con comportamento pseudo-tumorale o a lesioni situate in punti critici per la circolazione liquorale con conseguente blocco della stessa e aumento della pressione intracranica. In altri casi ancora i dolori cranici possono essere legati alla neurite ottica retrobulbare o a disturbi della oculomozione.

Sintomi parossistici: in questa categoria vengono compresi quei sintomi che si presentano in modo improvviso, per un brevissimo periodo di tempo (da pochi secondi a 2-3 minuti), per scomparire spontaneamente. Possono presentarsi anche decine o centinaia di volte al giorno e solitamente tale situazione perdura per un periodo di tempo che va da qualche settimana a qualche mese. Colpiscono una percentuale significativa di pazienti; non sembra esserci una relazione univoca con particolari localizzazioni lesionali, mentre sembra esserci una relazione con l'elevazione della temperatura corporea. Sulla base di dati clinici e elettroencefalografici, sembra possibile poter escludere si tratti di episodi critici di natura comiziale; non deve, però, sorprendere che i farmaci anticomiziali siano efficaci nel controllo di tali sintomi. Il meccanismo causale dei disturbi parossistici sembra essere riconducibile alle modificazioni indotte dal processo di demielinizzazione nelle proprietà elettrochimiche delle membrane assonali.

Alla luce degli scopi di questo volume, ci limiteremo, con due eccezioni, a una elencazione di tali sintomi: episodi di diplopia, di atassia, di disartria, di prurito, di spasmi e di movimenti involontari, di debolezza transitoria degli arti inferiori, di dolori, disestesie e parestesie. Qualche parola in più sulla nevralgia trigeminale e sul segno di Lhermitte: per quanto riguarda la prima, merita segnalare che si presenta probabilmente con frequenze superiori a quelle finora riportate (intorno al 5 % dei pazienti): può presentarsi sia nella forma tipica che atipica. Il segno di Lhermitte è caratterizzato da una sensazione parestesica ("scossa elettrica" o formicolio) in sede paravertebrale troncale, con irradiazione agli arti inferiori, nei movimenti di flessione del capo. Tale segno è stato considerato quasi patognomonico della SM, ma, in realtà, può verificarsi per lesioni midollari cervicali o irritazioni meningee di altra eziologia.

Altri disturbi

Crisi comiziali: incidenza piuttosto bassa; spesso la causa non è riconducibile alla SM, ma a un'altra condizione patologica che si presenta come associazione casuale con la SM. Tra le lesioni della SM quelle più probabilmente legate alla genesi delle crisi comiziali sono quelle al confine tra sostanza bianca e sostanza grigia (lesioni iuxta-corticali).

Disturbi del sonno: tali disturbi (insonnia, disordini notturni del movimento, disturbi respiratori nel sonno, narcolessia e disordini del sonno REM) sembrano avere una incidenza piuttosto alta; alla base dei disturbi del sonno vi sono più fattori e per essi, così come per altri (es., depressione) non è possibile stabilire se essi siano una conseguenza diretta (particolare localizzazione lesionale) o indiretta della malattia.

Diagnosi

La diagnosi della SM si basa tuttora prevalentemente sui cosiddetti criteri clinici, anche se negli ultimi anni è andato sempre crescendo il ruolo dei dati ottenuti mediante esami strumentali; con una netta prevalenza, tra questi dati, di quelli relativi alle indagini di RM.

Nei criteri clinici vanno considerati i dati anamnestici e i dati derivati dall'esame obiettivo neurologico, rappresentando questi ultimi la necessaria e obbligata conferma di ciò che l'indagine anamnestica sottopone alla attenzione e alla riflessione del clinico.

Ciò che il paziente riferisce spontaneamente su quanto ha avvertito, costituisce la sintomatologia; se altre persone, anche se non si tratta di persone professionalmente addestrate a cogliere le variazioni delle capacità e delle performance di un altro individuo, hanno osservato e riportano dei problemi presentati dal paziente e osservabili dall'esterno, entriamo già nel campo dei segni della malattia.

Il ruolo del medico e, in questo caso, del neurologo è, però, decisivo sia nella raccolta dei dati anamnestici che di quelli obiettivi: infatti, a volte il paziente riferisce in modo chiaro i sintomi da lui avvertiti e il quadro delineato dalla sua descrizione corrisponde alla classica descrizione di una determinata sintomatologia; ma sia in questo caso che nel caso di descrizioni approssimative e, in parte, oscure saranno le domande del clinico esperto che permetteranno di completare adeguatamente la raccolta dei dati essenziali. L'esame obiettivo, guidato dalla descrizione della sintomatologia, permetterà di far emergere i segni del coinvolgimento dell'una o dell'altra parte del SNC, sulla base delle conoscenze e della esperienza del clinico.

Per quanto riguarda la diagnosi di SM, faremo riferimento ai criteri formulati nel 2001 da un panel di esperti (McDonald W.I. et al., 2001) anche se questi criteri possono ancora considerarsi in corso di valutazione da parte della comunità dei neurologi clinici.

I suddetti criteri prevedono che se si sono verificati due episodi acuti (ad es., primo episodio e successiva recidiva) caratterizzati da interessamento neurologico compatibile con le caratteristiche della SM e se ci sono evidenze obiettive all'esame neurologico dell'interessamento di due o più sedi del SNC, per porre diagnosi di SM non sono necessarie ulteriori evidenze strumentali; ovviamente, non ci deve essere un'altra patologia che possa spiegare meglio della SM la sintomatologia; come descritto in precedenza, la presenza di episodi separati da una fase di recupero totale o parziale è caratteristica della forma RR di SM.

L'identificazione dei due episodi acuti e l'evidenza dell'interessamento di due o più sedi del SNC concorrono alla determinazione del criterio di disseminazione temporale e spaziale che rappresentano la caratteristica clinica peculiare della SM.

Nel caso che non possa essere dimostrata su base clinica o la disseminazione temporale o quella spaziale, è comunque legittimo porre una diagnosi di SM, integrando i dati clinici con quelli strumentali. Tra gli esami strumentali un posto di assoluta preminenza spetta alla RM. Questo esame neuroradiologico prevede l'ottenimento di ricostruzioni di immagini sequenziali dell'encefalo e del midollo spinale secondo vari piani di sezione. Mediante l'applicazione di software specifici, è possibile mettere in risalto aspetti diversi delle strutture encefaliche: le principali sequenze di RM che vengono applicate alla valutazione neuroradiologica, con finalità cliniche, dell'encefalo e del midollo spinale sono la sequenze pesate in T1, in T2 e in densità protonica, utilizzando le tecniche spin-echo, turbo spin-echo e FLAIR.

Le immagini T1 permettono uno studio più adeguato della sostanza bianca e, nella SM, permettono di evidenziare i cosiddetti "buchi neri", corrispondenti a distruzione di tessuto; sempre utilizzando la sequenza T1 e associando la somministrazione di un mezzo di contrasto sensibile all'applicazione dei campi magnetici (gadolinio), è possibile evidenziare la rottura della barriera ematoencefalica (BEE): nella SM tale rottura è connessa ai processi infiammatori caratteristici della fase acuta della malattia (placca attiva).

Le immagini T2 permettono una migliore evidenziazione del liquido cerebro-spinale (liquor) e quindi del sistema ventricolare; essendo le lesioni della SM caratterizzate da un'alterazione dei rapporti tra fluidi intra- ed extracellulari, esse presentano nelle sequenze T2 un incremento della intensità di segnale rispetto alla sostanza cerebrale circostante: le lesioni assumono l'aspetto di "macchie bianche" o "luminose".

Le immagini in densità protonica e l'uso della tecnica FLAIR permettono di valutare con maggiore accuratezza la presenza di lesioni in alcuni segmenti del SNC e di precisare alcuni aspetti delle lesioni legati ai fenomeni infiammatori con presenza/assenza di edema.

Nessuna delle caratteristiche delle lesioni, così come appaiono alla RM, è patognomonica della SM; tuttavia, alcuni aspetti sono considerati tipici: aumento della intensità di segnale nelle sequenze T2 e FLAIR e diminuzione della intensità nelle sequenze T1; incremento del segnale dovuto al passaggio del gadolinio attraverso l'alterazione della BEE nelle lesioni attive, con distribuzione ad anello o diffusa; prevalente localizzazione periventricolare delle lesioni, con orientamento dell'asse della lesione perpendicolare all'asse del ventricolo laterale; interessamento molto frequente del corpo calloso, del cervelletto e del ponte del tronco encefalico; le lesioni presentano per lo più forma ovale o ellittica e margini abbastanza ben definiti.

Tali aspetti possono, però, essere presenti in molte altre patologie del SNC e lesioni con caratteristiche diverse, in termini di localizzazione e forma, possono essere evidenziate all'esame RM di pazienti con SM.

Da ciò deriva la già menzionata assenza di una specificità assoluta dell'esame RM relativamente a qualcuno degli aspetti delle lesioni.

Per quanto riguarda le caratteristiche della RM che assumono valore diagnostico nei pazienti con sospetto di SM, nel report del Panel presieduto da McDonald (McDonald W.I. et al., 2001) vengono indicati dei criteri desunti da lavori di Barkhof et al. (1997) e di Tintorè et al. (2000): deve esserci la concomitanza di almeno 3 dei seguenti criteri: a- presenza di una lesione con rinforzo del gadolinio o, in assenza di tale caratteristica, devono essere presenti nove lesioni iperintense in T2; almeno una lesione infratentoriale; almeno una lesione iuxta-corticale; almeno 3 lesioni periventricolari; una lesione midollare può sostituire una lesione cerebrale.

Questi criteri di RM, appena riportati, servono a soddisfare il criterio della distribuzione spaziale se questo non è già soddisfatto su base clinica. Perché la RM possa, invece, venire in aiuto nel caso che non sia raggiunto clinicamente il criterio della distribuzione temporale delle lesioni, è necessario che un esame RM, effettuato a distanza di 3 mesi o più dall'evento clinico di esordio, evidenzi una lesione captante gadolinio in una sede diversa da quella/e implicata/e nell'evento clinico iniziale; in alternativa una ulteriore RM, effettuata 3 mesi dopo la prima, essendo questa stata effettuata in occasione dell'episodio clinico iniziale o successivamente, deve dimostrare la presenza di una ulteriore nuova lesione, sia in fase di attività (rinforzo del gadolinio in T1) che non (nuova lesione in T2).

Va, infine, ricordato che, tuttora, nel 5% dei pazienti con diagnosi definita di SM, l'esame RM dell'encefalo non evidenzia lesioni.

La valutazione del liquido cerebro-spinale (liquor)

La valutazione del liquor, prelevato tramite puntura lombare, rappresenta un importante esame paraclinico per la diagnosi di SM e, anche se i notevoli sviluppi della neuroradiologia hanno diminuito la sua rilevanza, esso riveste sempre un ruolo non indifferente nel panorama degli accertamenti indicati per la diagnosi e per la differenziazione da altre patologie.

Tra l'altro il liquor, per i suoi rapporti con il parenchima cerebrale, con la BEE e con le componenti immunitarie residenti del SNC e alla luce delle relativamente poco invasive modalità di prelievo, rappresenta un materiale biologico fondamentale nella ricerca volta all'identificazione delle caratteristiche patologiche e, in ultimo, dell'eziologia della SM. Vari parametri liquorali sono stati e sono utilizzati allo scopo di aggiungere elementi di probabilità e di certezza alla collezione di dati che deve condurre alla formulazione della diagnosi.

Una descrizione dettagliata dei parametri utilizzati in clinica e ancor meno di quelli presi in considerazione nel campo della ricerca, non appare funzionale agli scopi di questo volume. Citeremo, pertanto, solo l'indice delle Immunoglobuline G (IgG index) e il rate della sintesi di IgG, come parametri indicativi dell'attivazione della produzione di IgG all'interno del SNC; e le bande oligoclonali, che, oltre a indicare anch'esse una sintesi *de novo* di immunoglobuline, danno una misura qualitativa e, quindi, un riscontro della specificità di tale sintesi, anche se si tratta di una specificità "generica"; infatti, nonostante tutti i tentativi finora effettuati, non è stato possibile attribuire precise caratteristiche alle qualità anticorpali delle bande oligoclonali ed identificare, pertanto, eventuali antigeni all'origine della reazione anticorpale.

Le alterazioni dei parametri sopra citati che si verificano nella SM sono un incremento dei valori relativi alla sintesi di IgG all'interno del SNC e la presenza di un certo numero di bande oligoclonali: a proposito di queste ultime, perché il dato possa essere considerato rilevante, la banda oligoclonale nel liquor non deve avere un corrispettivo nel siero.

Poiché abbiamo preso in considerazione l'analisi del liquor nell'ambito del processo diagnostico, deve, infine, essere ricordato che l'alterazione degli indici sopra citati non sono certo patognomoniche della SM: esse possono essere presenti in altre condizioni patologiche, anche se la frequenza di tali alterazioni è molto maggiore nella SM che in queste altre condizioni; ancora, l'assenza di tali alterazioni liquorali non permette di escludere la SM dalle ipotesi diagnostiche.

Potenziali evocati

Si tratta di un gruppo di esami neurofisiologici caratterizzati dall'applicazione di impulsi periferici al sistema visivo, uditivo, somatosensoriale o della via motoria primaria e dalla registrazione, in alcuni punti accessibili del percorso della via sensoriale o motoria in esame, delle onde generate dall'arrivo degli impulsi. Poiché un solo impulso darebbe luogo a una risposta non registrabile, si ricorre alla applicazione di stimoli ripetitivi associati a metodiche di *averaging*. Una descrizione particolareggiata dei vari tipi di potenziali evocati è ben oltre le necessità di questo volume: ci limiteremo a precisare che i potenziali evocati di più frequente utilizzazione, nel sospetto di SM, sono nell'ordine:

1. *Potenziali evocati visivi* (PEV) che esplorano, ovviamente, la via visiva; possono essere valutati con la stimolazione luminosa prodotta da un flash (più indicata in soggetti poco o non collaboranti, ma meno sensibile) o con quella prodotta dall'inversione del pattern di una scacchiera presentata su uno schermo televisivo (inversione di scacchi bianchi e neri): questa seconda metodica è più sensibile, ma richiede la collaborazione necessaria a garantire la fissazione oculare; è la metodica indicata nei pazienti con SM. L'onda dei PEV di maggior interesse nella pratica clinica è la P100, un'onda a deflessione verso il basso (per convenzione, le onde con deflessione verso il basso ricevono l'appellativo di positive - P), che viene registrata nei soggetti normali 100 msec dopo l'applicazione dello stimolo. Nei pazienti con SM l'alterazione caratteristica dei PEV è un aumento della latenza della P100 (segno del rallentamento nella trasmissione degli impulsi) a cui si associa nei casi più gravi una riduzione dell'ampiezza dell'onda fino alla sua destrutturazione; a volte ci può essere un blocco della conduzione.

   L'alterazione dei PEV non è patognomonica della SM, ma una alterazione lateralizzata non è di frequente riscontro in condizioni patologiche diverse dalla NORB e dalla SM. Va ricordato che la NORB può rappresentare una patologia demielinizzante clinicamente isolata senza un successivo passaggio a una forma definita di SM.

   L'importanza dell'esame dei PEV, all'interno del processo diagnostico in caso di sospetto di SM e alla luce dei criteri a cui si è fatto riferimento, risiede nella possibilità di documentare la presenza di una ulteriore sede lesionale non identificabile sulla base dell'esame clinico e, spesso, anche sulla base di un esame di RM. Da questo punto di vista, i PEV sono più indicativi rispetto agli altri tipi di potenziali evocati.

2. *Potenziali evocati somato-sensoriali* (PES): tali potenziali sono ottenibili mediante applicazione di rapidi stimoli elettrici di bassa intensità nel territorio di innervazione di un nervo periferico (territori del nervo mediano per l'arto supe-

riore e del nervo tibiale o del nervo peroneo per l'arto inferiore) e la registrazione delle risposte evocate in vari punti della via della sensibilità fino alla corteccia somatosensoriale primaria (lobi parietali); va menzionato che, in realtà, i PES esplorano preferenzialmente il sistema delle colonne dorsali. Anche per i PES, le alterazioni presenti nei pazienti con SM, come pure in diverse altre patologie, sono le latenze aumentate, le ampiezze ridotte o l'assenza delle onde (le più considerate sono al N13, la N20 e la P39).

3. *Potenziali evocati motori* (PEM): esplorano la conduzione di impulsi lungo la via motoria primaria. In caso di patologie che interessino tale via, si evidenziano un prolungamento delle latenze nella comparsa delle onde e/o una alterazione della loro morfologia. I PEM godono di livelli di considerazione variabili da centro a centro e da un neurofisiologo all'altro: questa mancanza di uniformità di giudizio è, probabilmente, all'origine della mancata inclusione di tale esame tra quelli considerati al fine della determinazione della diagnosi (criteri diagnostici).

4. *Potenziali evocati del tronco-encefalo* (anche in Italia si usa la sigla BAEP derivata dalla denominazione in lingua inglese: Brainstem Auditory Evoked Potentials): esplorano la via uditiva dal livello cocleare fino ai livelli più alti del tronco cerebrale; lo stimolo utilizzato è un click (scatto sonoro), somministrato a un orecchio per volta, mentre all'altro arriva un "rumore bianco"; si ritiene che i BAEP siano in relazione più con la funzione di localizzazione degli stimoli uditivi che con la loro discriminazione. La capacità dei BAEP di localizzare una lesione che interferisca con la ricezione e la conduzione dello stimolo uditivo è buona fino a livello del tronco-encefalo, per poi ridursi anche di molto per i livelli più rostrali della via uditiva; lo stesso può dirsi per la sensibilità della metodica. I BAEP sono caratterizzati da cinque onde significative, numerate con i numeri romani I-V.

Le alterazioni di più frequente riscontro nei pazienti con SM sono le anomalie di ampiezza, l'aumento delle latenze, in particolare quelle interpicchi, la scomparsa della V onda.

Tali alterazioni sono considerate un segno di lesioni a carico del tronco-cerebrale, anche perché correlano con dei segni clinici che non sono di pertinenza solo della via uditiva.

Per i BAEP vale quanto detto per tutti i tipi di potenziali evocati circa la non specificità delle alterazioni.

Per concludere le brevi note sugli esami di maggior rilievo per la raccolta di elementi utili alla formulazione della diagnosi di SM, vogliamo sottolineare alcuni aspetti: le notizie anamnestiche e l'esame obiettivo, sia neurologico che generale, rivestono tuttora un ruolo preminente nella formulazione delle ipotesi diagnostiche; gli esami strumentali, primo tra tutti la RM, oltre che evidenziare alterazioni congrue con il sospetto di SM, servono a documentare la distribuzione spazio-temporale delle lesioni; essendo la diagnosi differenziale un passaggio decisivo del percorso diagnostico, va ricordato che può porsi la necessità di sottoporre un paziente a numerosi esami clinici e strumentali, al fine di escludere altre patologie in grado di causare sintomi e segni riscontrabili anche nei pazienti affetti da SM. L'elencazione di tali esami sarebbe di scarsa utilità e, comunque, non pertinente agli scopi di questo volume. Per tali aspetti e per approfondimenti dei temi trattati si rimanda ai testi specifici di neurologia, in generale, e sulla SM in particolare.

Metodiche standardizzate di valutazione

La complessità e la variabilità dei quadri clinici che caratterizzano la SM e le necessità relative all'effettuazione di trial terapeutici e di ricerca clinica hanno reso necessaria la formulazione di strumenti standardizzati per la valutazione dei pazienti: tali strumenti avrebbero dovuto anche facilitare la comparazione dei risultati dei diversi studi. In realtà, nonostante negli ultimi 50 anni circa siano stati proposti molti di questi strumenti, nessuno appare corrispondere a tutte le necessità e rispettare in modo soddisfacente i requisiti di validità, sensibilità, specificità, riproducibilità intra- e inte-osservatore; le scale che hanno avuto più successo sembrano essere quelle caratterizzate dalla maggiore semplicità d'uso e con tempi di applicazione abbastanza ridotti. Un altro aspetto che non si può ritenere soddisfacente è che molte scale non presentano una adeguata corrispondenza a sistemi concettualmente coerenti di classificazione. Negli ultimi anni sono stati proposti degli strumenti che raccolgono il punto di vista del paziente sulle limitazioni e i problemi causati dalla malattia così come strumenti relativi alla qualità della vita dei pazienti affetti da SM. Questo processo verrà probabilmente accentuato dopo la recente introduzione della nuova classificazione ICF (International Classification of Functioning, Disability and Health, 2002) da parte del WHO, proprio perché questa classificazione segue un modello concettuale che cerca di tenere conto di tutte le componenti che contribuiscono alla determinazione dello stato di salute di una persona.

La scala che viene tuttora maggiormente utilizzata dai neurologi per l'attribuzione di un punteggio standardizzato ai deficit dei pazienti con SM è la EDSS di Kurtzke (1983): tale scala, in contrasto con quanto suggerirebbe il suo nome, non è una scala di disabilità, ma una scala di *impairment* e, tra gli altri problemi che presenta, può essere applicata da neurologi con un training specifico nella valutazione dei pazienti con SM. Inoltre, questa scala dà un peso superiore ad alcune componenti della compromissione neurologica (ad es., deambulazione) rispetto ad altre (funzioni cognitive). Non deve, pertanto, stupire che sia i clinici sia i ricercatori continuino a proporre nuovi strumenti di valutazione. Un esame, anche solo superficiale, dei numerosi strumenti proposti nel tempo è oltre gli scopi di questo volume. Per approfondimenti sul tema si rinvia, pertanto, ai manuali comprensivi sulla SM (ad es., Canal N. et al., 2001; Bashir K. e Whitaker J.N., 2002; Cook S.D., 2001).

Terapia

Terapie farmacologiche

Una approfondita trattazione delle misure terapeutiche utilizzate nella SM è ben oltre gli scopi di questo volume. È, invece, necessario e utile prendere in considerazione soprattutto gli effetti che i farmaci, utilizzati per modificare l'andamento della malattia e per alleviare alcuni aspetti sintomatologici della stessa, possono avere sulle funzioni cognitive dei pazienti con SM; sarà anche necessario riportare i dati relativi ai primi tentativi di specifica utilizzazione di alcuni farmaci per migliorare le prestazioni cognitive dei pazienti con SM.

Prima di entrare pienamente nell'illustrazione delle terapie per la SM, va ricordato che fino a 13 anni orsono le possibilità di intervento farmacologico nella SM erano scarse. Nel 1993 vengono pubblicati i risultati del primo trial di adeguate dimensioni sull'efficacia dell'interferone-β 1b (IFN-β 1b) nel ridurre il numero di ricadute in pazienti con SM RR con una corrispondente influenza sul danno strutturale così come evidenziato dalla misurazione di parametri di RM; tale studio ha portato alla registrazione dell'indicazione terapeutica per tale interferone negli Stati Uniti. In seguito a ulteriori studi, si è poi avuta la registrazione anche in Europa. Negli anni successivi anche per altri farmaci a base di IFN-β e di glatiramer acetato (GA) è stata dimostrata l'efficacia terapeutica ed è stata quindi riconosciuta l'indicazione.

Tali farmaci hanno indubbiamente modificato l'approccio terapeutico alla SM e aperto anche le porte a ulteriori ricerche su altre possibilità terapeutiche; prima dell'interferone, erano state tentate svariate terapie farmacologiche allo scopo di modificare l'andamento della malattia: diversi farmaci della categoria degli immunosoppressori hanno dimostrato una efficacia da modesta a buona (tra l'altro riconfermata da recenti lavori): il problema degli immunosoppressori risiede, però, nella possibilità di effetti collaterali, soprattutto sul sistema ematopoietico, di notevole gravità.

Vista la rilevanza della compromissione delle funzioni cognitive per i pazienti con SM, in alcuni dei trial clinici, effettuati con gli interferoni e il GA, è stata inserita una valutazione dell'impatto sul funzionamento cognitivo del farmaco in studio. Il primo studio (Pliskin N.H. et al., 1996) sugli effetti sul funzionamento cognitivo dell'IFN-β 1b è stato effettuato in un piccolo gruppo di 30 pazienti, sottoposto a valutazione neuropsicologica dopo 2 e 4 anni dall'inizio della terapia con IFN: l'unico miglioramento significativo è stato osservato in un test di riproduzione visiva differita nel gruppo di pazienti trattati con IFN-β 1b ad alte dosi.

Un campione molto più ampio di pazienti con forma RR di SM è stato preso in considerazione in uno studio successivo (Selby M. et al., 1998) sempre relativamente agli effetti del IFN-β 1b: in questo caso, però, non sono state dimostrate differenze significative tra i pazienti che hanno assunto IFN-β e quelli che hanno assunto placebo.

Un impatto positivo sull'andamento del funzionamento cognitivo è stato riportato nel trial con IFN-β 1a, con effetti statisticamente significativi per funzioni come l'elaborazione di informazioni e la memoria e un trend favorevole nel caso delle abilità visuo-spaziali e delle funzioni esecutive (Fischer J.S. et al., 2000).

Nessuna differenza statisticamente significativa è stata, invece, ottenuta per quanto riguarda questi aspetti del funzionamento cognitivo nel trial relativo al GA, ma i limiti metodologici di tale studio rendevano poco probabile l'evidenziazione di eventuali modificazioni indotte dalla terapia farmacologica (Weinstein A. et al., 1999).

Globalmente, quindi, i risultati di tali studi, pur avendo messo in luce effetti positivi dei suddetti farmaci sull'andamento dei deficit cognitivi nei pazienti con SM, non appaiono particolarmente consistenti. Alla luce di ciò e della possibilità del miglioramento di alcuni aspetti metodologici, si pone la necessità di ulteriori ricerche sull'argomento.

Oltre ai farmaci che dovrebbero modificare il decorso della malattia, i pazienti con SM ne assumono spesso diversi altri o per ridurre le conseguenze delle ricadute, come nel caso dei farmaci corticosteroidei, o per trattare i vari sintomi che ne caratterizzano il quadro, soprattutto quando questi sintomi risultano particolarmente invalidanti. Anche in questo caso, non ci possiamo soffermare su una disamina di tali farmaci, ma rientra negli scopi del volume riportare alcuni dati sull'influenza di alcune delle cosiddette terapie sintomatiche sulle prestazioni cognitive dei pazienti con SM.

Tra i farmaci con una potenziale influenza negativa sulle capacità cognitive di un soggetto che possono essere utilizzati nei pazienti con SM meritano di essere ricordati:

– i farmaci anticomiziali, che vengono prescritti più per il controllo di sintomatologia dolorosa, di sintomi parossistici, di sintomi positivi da compromissione dei sistemi della sensibilità, di movimenti involontari che per il controllo di crisi comiziali;
– i farmaci antidepressivi, per i quali è necessario fare una distinzione tra gli antidepressivi triciclici, con un profilo di tollerabilità problematico per i pazienti con SM, e i recenti antidepressivi a base di inibitori selettivi del re-uptake della serotonina (SSRI) che, pur richiedendo cautele d'impiego, appaiono decisamente più maneggevoli; tali farmaci sono anche utilizzati al fine di incidere sul fenomeno della fatica;
– farmaci ad azione anticolinergica, come alcuni di quelli utilizzati per i disturbi delle funzioni vescicali;
– farmaci miorilassanti, in particolare il baclofen, molto utilizzato per la terapia della ipertonia piramidale (spasticità);
– farmaci benzodiazepinici, utilizzati per la terapia dell'ansia, dell'insonnia, della sintomatologia dolorosa e di disturbi parossistici, per il controllo di movimenti involontari;
– farmaci beta-bloccanti, utilizzati più per il controllo dei movimenti involontari che per problemi cardiologici o relativi alla pressione arteriosa;
– un'altra categoria di farmaci con potenziali influenze negative sul funzionamento cognitivo, gli antistaminici, ha visto la introduzione negli anni recenti di molecole con sempre minori effetti di tipo sedativo.

Un discorso a parte, seppur breve, merita una categoria di farmaci, i corticosteroidei, che vengono somministrati in occasione delle ricadute: in realtà, negli ultimi anni la terapia delle recidive consiste soprattutto nell'uso di cortisonici ad alte dosi, per via endovenosa, per un numero ridotto di giorni; proprio per questo tipo di terapia è stata evidenziata una influenza negativa sulle capacità mnesiche (Oliveri R.L. et al., 1998), ma tali effetti sembrerebbero temporanei. Parrebbero, comunque, indicati altri studi per valutare, in modo adeguato, la possibilità che, nei pazienti già compromessi cognitivamente, l'uso di dosi particolarmente elevate o periodi prolungati di terapia cortisonica possano influire in modo più importante sulle capacità cognitive.

In questo breve capitolo sulle terapie nella SM inseriamo anche un paragrafo relativo all'uso di farmaci per cui si ipotizza un effetto positivo sul funzionamento cognitivo; sono farmaci ormai diffusamente utilizzati nella terapia delle demenze, prima quelle su base degenerativa, poi quelle con danno misto di tipo degenerativo e vascolare e anche demenze su base prevalentemente cerebro-vascolare. Uno di questi farmaci, il donepezil, che agisce sulla disponibilità del neuro-trasmettitore acetilcolina a livello delle sinapsi, inibendo l'attività dell'enzima che lo metabolizza, l'acetilcolinesterasi, è stato utilizzato in trials farmacologici preliminari anche nei pazienti con SM (Krupp L.B. et al., 1999; Greene Y.M. et al., 2000; Krupp L.B. et al., 2004); solo l'ultimo di questi lavori è un trial randomizzato contro placebo: in questo trial sono stati riscontrati miglioramenti significativi per alcuni aspetti della memoria verbale, mentre negli altri lavori sono emersi miglioramenti anche per l'attenzione e le funzioni esecutive.

In una recente review sul trattamento della compromissione cognitiva nei pazienti con SM, Pierson e Griffith (2006) riportano l'uso, al di fuori di sperimentazioni controllate, della memantina anche nei pazienti con SM; anche questo farmaco è stato prima utilizzato nella demenza di Alzheimer: esso agisce sulla trasmissione glutammatergica.

Sia i trial con donepezil che l'uso occasionale della memantina motivano l'effettuazione di ulteriori sperimentazioni controllate su ampi campioni di pazienti con SM. La dimostrazione della loro efficacia non renderebbe inutile l'uso di altri approcci, ma anzi motiverebbe l'applicazione di terapie combinate e coordinate.

Riabilitazione

Questo volume ha come argomento prevalente la trattazione della riabilitazione cognitiva dei pazienti con SM. Non è di conseguenza previsto un esame dettagliato delle altre procedure riabilitative che trovano applicazione per questi pazienti. Nondimeno, è immaginabile quale importanza possa avere l'integrazione di tutti gli aspetti della riabilitazione nel momento in cui ci si occupa concretamente dei problemi di un singolo paziente.

Pertanto, nella sezione che segue vorremmo, almeno, fornire degli elementi di ordine generale e suggerire alcune riflessioni sul tema della riabilitazione, globalmente intesa, nei pazienti con SM.

La SM, come abbiamo visto, è una patologia estremamente composita e ciò non può non influire anche sull'approccio riabilitativo.

La SM colpisce individui nell'età giovane adulta: persone che quindi sono attese a molteplici e rilevanti impegni personali e sociali.

La SM non ha caratteristiche di stabilità, per cui la condizione neurologica (con tutte le sue conseguenze) può presentare variazioni significative nel tempo; tale malattia può interessare tutti gli aspetti del funzionamento neurologico e questo si traduce in un coinvolgimento possibile di tutte le strutture corporee.

Quanto detto permette di comprendere che gli approcci terapeutici, e quindi anche la riabilitazione, devono essere tempestivi, individualizzati, flessibili e multidisciplinari.

Ma la riabilitazione, allo stesso modo delle altre terapie, presenta nella SM notevoli livelli di complessità. Questa complessità ha diversi motivi: le caratteristiche delle persone colpite con le differenze che distinguono un essere umano da un altro e periodi diversi della vita dello stesso individuo; le caratteristiche della malattia, già trattate in altri punti di questo testo: sarà sufficiente riportare l'esempio dell'intersecarsi dei problemi del movimento, in senso lato, con i problemi cognitivi e con gli aspetti psicologici della malattia. Un importante motivo alla base della complessità dell'approccio alla SM risiede nell'organo da essa colpito: il Sistema Nervoso (SN) è indubbiamente la parte più complessa del nostro organismo. Questa sua complessità costituisce un difficile banco di prova quando cerchiamo di comprendere le caratteristiche di un danno che lo colpisca, le capacità dello stesso di riparare biologicamente tale danno e le possibilità di compenso funzionale grazie o nonostante l'evoluzione del danno anatomico.

Diversamente da quanto si credeva in passato, sappiamo che il SN presenta un grado significativo di plasticità strutturale e funzionale: ciò può rappresentare la base del recupero di livelli funzionali superiori a quelli emergenti da un evento patologico.

Infine, i tre motivi di complessità presentati nei precedenti paragrafi (individualità dei pazienti, peculiarità della malattia e complessità intrinseca del SN) causano un livello superiore di complessità mediante la loro interazione e intersezione.

Nel momento in cui vogliamo inserire la riabilitazione tra le possibilità terapeutiche disponibili per i pazienti con SM ci dobbiamo porre in un'ottica sovrapponibile a quella che viene utilizzata per le altre possibilità terapeutiche. Dobbiamo essere in grado, cioè, di valutarne l'efficacia. E nel farlo dobbiamo cercare di applicare i principi e le procedure utilizzati nella valutazione dell'efficacia e della sicurezza delle altre terapie.

Come accennato in precedenza, molti sono gli strumenti di valutazione utilizzati negli studi descritti in letteratura e diversi di essi sono stati appositamente pensati per la valutazione dei pazienti con SM. Poiché non esiste uno strumento di valutazione unico in grado di cogliere tutti i molteplici aspetti di questa malattia, è necessario far ricorso a un insieme di strumenti, ognuno dei quali sia in grado di dare la migliore misura di un certo aspetto.

Nel campo della valutazione dell'efficacia della riabilitazione c'è un altro rilevante aspetto metodologico da considerare: i protocolli considerati validi per stabilire che una determinata terapia ha effetti positivi, senza comportare eccessivi eventi avversi, sono quelli che prevedono il confronto tra: - un gruppo in terapia attiva e un gruppo in cui si effettua un intervento senza sostanziali effetti terapeutici (placebo) - l'assegnazione random all'uno o all'altro gruppo; - una situazione di non consapevolezza sulla natura del trattamento sia da parte del paziente sia da parte del clinico (doppio cieco). Si organizzano, cioè, studi in doppio cieco, randomizzati, contro placebo. Alcuni sostengono che questo è praticamente impossibile da ottenere nel caso della riabilitazione, ma, anche volendo essere più possibilisti, si tratta di un obiettivo veramente difficile da raggiungere. Quello che si è, comunque, già potuto ottenere è un notevole incremento nel rigore metodologico degli studi che hanno valutato l'efficacia dei trattamenti riabilitativi in pazienti con sclerosi multipla.

Sono ormai presenti in letteratura numerosi studi che hanno valutato l'efficacia sia di singoli aspetti del processo riabilitativo sia di un intero insieme di interventi riabilitativi. Esistono evidenze che sostengono la validità sia di alcune componenti del processo riabilitativo applicate isolatamente sia di più aspetti riabilitativi applicati contemporaneamente (Gehlsen G.M. et al., 1984, 1986; Jonsson A. et al., 1993; Svensson B. et al., 1994; Fuller K.J. et al., 1996; Petajan J.H. et al., 1996; Driessen M.J. et al., 1997; Freeman J.A. et al., 1997, 1999; Bowcher H. e May M., 1998; Di Fabio R.P. et al., 1998; Lord S.E. et al., 1998; Mendozzi L. et al., 1998; Plohmann A.M. et al., 1998; Jones R. et al., 1999; Solari A. et al., 1999; Mathiowetz V. et al., 2001; Peterson P., 2001; Wiles C.M. et al., 2001; Mostert S. e Kesserling J., 2002; O'Hara L. et al., 2002; Vanage S.M. et al., 2003; Carter P. e White C.M., 2003; Chiaravalloti N.D. et al., 2003; Craig J. et al., 2003; O'Connell R. et al., 2003; Patti F. et al., 2003; DeBolt L.S. e McCubbin J.A., 2004).

Oltre alla efficacia dei processi riabilitativi rispetto all'assenza di riabilitazione, sono stati valutati anche gli aspetti economici connessi agli aspetti logistico-organizzativi (Wiles C.M. et al., 2001). Per quanto riguarda alcune componenti del processo riabilitativo (terapia occupazionale, esercizi terapeutici), esistono ormai anche revisioni evidence-based che supportano o meno la validità dei singoli studi e, quindi, danno un giudizio complessivo sull'efficacia di tali componenti della riabilitazione (Steultjens E.M.J. et al., 2003; Rietberg M.B. et al., 2004).

Nonostante i dati desumibili dai lavori citati, non possiamo dire che gli interrogativi sulla riabilitazione per i pazienti con SM abbiano ricevuto una esauriente risposta, ma si intravedono delle soluzioni possibili: le migliori conoscenze sui meccanismi di recupero e di compenso permetteranno di strutturare programmi riabilitativi più adeguati; anche in campo riabilitativo si stanno sempre più imponendo metodologie rigorose di verifica dei risultati e cominciano a essere introdotte, per ora come metodi di valutazione in senso generale, le tecniche di neuroimmagine funzionale. È stato già possibile rendersi conto di alcune modifiche funzionali che il SN mette in atto nei pazienti con SM nello svolgimento di attività motorie e cognitive; queste metodiche strumentali potranno permettere di valutare l'impatto delle terapie e, quindi, anche della riabilitazione.

Una domanda che ci si deve porre riguarda le caratteristiche del paziente con SM che può giovarsi maggiormente della riabilitazione: essa appare tanto più importante in un'epoca in cui il problema delle risorse economiche ha assunto dimensioni rilevanti per il nostro paese. I dati che emergono sempre più chiaramente man mano che aumentano le conoscenze su questa malattia ci dicono, però, che già in fase precoce possono essere presenti compromissioni che sfuggono alle valutazioni abituali; quindi, con un migliore approccio nella fase di valutazione dei pazienti, sarà possibile evidenziare i problemi e proporre le soluzioni possibili: in questo ambito troverà collocazione anche l'approccio riabilitativo. In presenza di deficit lievi, potranno essere sufficienti anche solo dei consigli e delle dimostrazioni per la gestione delle attività di vita quotidiana o per l'effettuazione di attività fisiche, gestite dal paziente stesso, finalizzate a ottenere una migliore forma fisica. In caso di problemi di entità moderata, brevi programmi di riabilitazione che copriranno gli ambiti in cui sono presenti le compromissioni si integreranno con quanto detto a proposito dei deficit più lievi. Nei casi con problemi e difficoltà maggiori, saranno necessari programmi più intensivi e più articolati; fino ai casi di disabilità severa in cui sarà importante garantire comunque i migliori livelli possibili di confort (Rousseaux M. e Perennou D., 2004). In tutti i casi, ma riprenderemo successivamente questo punto, sarà fondamentale l'integrazione tra i vari interventi terapeutici.

Se ci chiediamo, invece, quale tipo di riabilitazione possa essere efficace nei pazienti con SM, la risposta è semplice: vista la molteplicità dei problemi che possono incontrare tali pazienti, tutte le varie branche della riabilitazione possono risultare utili e spesso sono necessari più approcci riabilitativi in un paziente e nello stesso periodo temporale.

Anche le modalità organizzative in base alle quali fornire la riabilitazione ai pazienti con SM sono importanti: tali pazienti sono molto diversi uno dall'altro, ma per la maggior parte del decorso della malattia sono pazienti in grado di vivere nella comunità: ed è fondamentale che si faccia il possibile per mantenerli nella comunità. Pertanto, i vari servizi di cui hanno bisogno dovrebbero essere forniti senza necessità di ospedalizzazione ordinaria; le tre opzioni rimanenti (riabilitazione in day hospital, ambulatoriale, domiciliare) hanno caratteristiche, vantaggi e svantaggi diversi. Senza entrare nel dettaglio, sarà necessario soppesare con il paziente, i suoi familiari, il *caregiver*, i vantaggi e gli svantaggi per quel paziente di ogni opzione e individuare quella con il bilancio maggiormente positivo. Purtroppo, non sempre la praticabilità di una opzione è legata solo alle caratteristiche del paziente e del quadro clinico, ma anche a problemi di effettiva disponibilità di quella opzione.

Ma chi si dovrà occupare del processo riabilitativo?

Per rispondere a questa domanda è necessaria una articolata premessa. Appare ormai evidente che non è sufficiente considerare i singoli approcci o i singoli tipi di riabilitazione, ma ragionare in termini di integrazione tra tutti gli aspetti terapeutici, assistenziali, sociali che possono interessare i pazienti con SM. E questo al di là della necessità di dimostrare mediante studi sperimentali l'efficacia di una determinata procedura.

Gli sforzi di tutti coloro che sono interessati a migliorare la condizione di questi pazienti andranno, pertanto, rivolti verso percorsi integrati di cura: questi percorsi sono multidisciplinari e coinvolgono tutti coloro interessati alla cura del paziente; sono incentrati sul paziente; sono relativi a una particolare condizione patologica e a una particolare situazione di cura; forniscono una documentazione dettagliata del processo con cui vengono fornite le cure; le deviazioni dal processo previsto (variazioni) sono documentate e analizzate; l'analisi delle variazioni permette al team di rivedere la pratica clinica, ridefinire il percorso ed elaborare dei metodi di cura più efficienti, appropriati e tempestivi (Rossiter D. e Thompson A.J., 1995; Rossiter D. et al., 1998).

L'integrazione non può e non deve riguardare solo ciò che è possibile fare a livello ospedaliero o solo ciò che è possibile fare sul territorio, ma deve prevedere un effettivo raccordo tra tutte le realtà in gioco, identificando anche le figure professionali che si occupino di organizzare, sostenere e verificare il buon esito della integrazione, per così dire, sovrastrutturale. Seguendo questo percorso non si potrà prescindere dal porre il paziente al centro del processo terapeutico in tutte le sue componenti e di coinvolgere nella collaborazione consapevole le persone più vicine al paziente.

Allora, tornando alla risposta da dare alla domanda che ci siamo posti, in un'ottica di percorsi integrati di cura solo un team di tipo multidisciplinare può progettare e gestire il percorso integrato e verificarne l'efficacia (Clanet M.G. e Brassat D., 2000; Freeman J.A. e Thompson A.J., 2001; Thompson A.J., 2001). Da questo punto di vista forse è già il tempo di ragionare in termini di team interdisciplinare più che multidisciplinare. Dietro una semplice differenza di prefissi, nel team interdisciplinare ci si propone una maggiore integrazione nel lavoro con un approccio comune nel pianificare e fornire le cure e valutarne gli esiti; il team interdisciplinare è caratterizzato da un livello più intenso e profondo di comunicazione: si lavora insieme per individuare obiettivi comuni.

Purtroppo ciò che, sul piano teorico o delle buone intenzioni, è ormai stabilito, dal punto di vista applicativo è lungi dall'essere una realtà diffusa; basti l'esempio relativo alla povertà dei servizi sul territorio in termini di numeri, di organizzazione, di fruibilità e di integrazione; e non si fa riferimento a realtà proprie solo dell'Italia (Freeman J.A. e Thompson A.J., 2000).

Da quanto detto finora emerge, infine, un'ultima considerazione: la riabilitazione non deve essere separata dalle altre terapie, perché l'armonizzazione degli interventi non può non ottenere migliori risultati rispetto all'applicazione di procedure scollegate e, perché, in realtà, qualunque forma di terapia o di intervento, e non solo nei pazienti con SM, ha finalità riabilitative: lo scopo è sempre consentire alla persona con una condizione di patologia di essere al più alto livello di benessere fisico, psichico e sociale possibile.

Capitolo 2
I deficit cognitivi nella sclerosi multipla

La presenza di disturbi cognitivi nei pazienti con SM era stata già individuata da Charcot, come si può dedurre dalle sue descrizioni della malattia risalenti al 1877. Dopo un lungo periodo, in cui tali disturbi non hanno ricevuto dalla maggior parte degli autori la giusta attenzione, negli ultimi 30 anni sono stati fatti notevoli progressi nella comprensione delle caratteristiche quantitative e qualitative di tali compromissioni. Dati sulla frequenza dei disturbi cognitivi sono estremamente variabili e dipendono dalle metodologie utilizzate e dal tipo di pazienti esaminati. Secondo gli studi metodologicamente più corretti circa il 45-65% dei pazienti con SM mostra disfunzioni cognitive di una certa entità (Rao S.M. et al., 1991a; Rao S.M., 1995; Fischer J.S., 2001; Bobholz J.A. e Rao S.M., 2003; Amato M.P. et al., 2006). Si va da disturbi selettivi di specifiche funzioni sino ad una compromissione grave e diffusa.

I deficit cognitivi sono considerati la principale causa delle difficoltà che i pazienti incontrano nella loro vita sociale e professionale (Rao S.M. et al., 1991b); infatti, la maggior parte dei pazienti che presentano disturbi cognitivi risultano essere disoccupati e meno coinvolti in attività sociali e ricreative. Inoltre, più spesso dipendono da altre persone per le attività di vita quotidiana rispetto a pazienti con SM che non presentano compromissioni cognitive (Kesselring J. e Klement U., 2001).

Pur non essendo ancora del tutto chiara la relazione esistente tra forma clinica di SM e gravità del danno cognitivo, gli studi più recenti sembrerebbero confermare l'ipotesi che ci sia un maggior coinvolgimento nelle forme CP rispetto alle forme RR (Amato M.P. et al., 2001; Huijbresgts S.C.J. et al., 2004; Wachowius U. et al., 2005).

Per quanto riguarda le correlazioni tra il grado di disabilità fisica (misurato prevalentemente sulla base della EDSS di Kurtzke) e le prestazioni nei test neuropsicologici, vi sono sia studi che hanno dimostrato una correlazione positiva che studi che non supportano tale dato; in particolare il punteggio dell'EDSS avrebbe una modesta capacità predittiva nei confronti della prestazione cognitiva (Rao S.M., 1995).

Molti studi mostrano l'esistenza di una relazione significativa tra il grado e le caratteristiche del danno cognitivo e l'estensione del danno anatomico così come evidenziato dalla RM. L'estensione del danno della mielina e il grado di atrofia cerebrale secondaria sembrerebbero correlare con gli indici di compromissione cognitiva globale. Altri studi sull'argomento hanno dimostrato l'esistenza di correlazioni tra parametri di RM relativi ad alcune regioni cerebrali e specifiche prestazioni cognitive, in particolare quelle appartenenti alle funzioni del lobi frontali. Ad esempio (Arnett P.A. et al., 1994; Swirsky-Sacchetti T. et al., 1992), sono state riscontrate correlazioni significative tra l'entità delle lesioni (carico lesionale) a livello del lobo frontale sinistro e il numero di risposte perseverative al Wisconsin Card Sorting Test. Sulla base dei risultati di altri lavori (ad es., Nocentini U. et al., 2001) tali correlazioni non possono essere, però, considerate univoche, almeno nei pazienti con forma SP; infatti, le prestazioni nei test che esplorano le funzioni frontali hanno presentato correlazioni sia con gli indici relativi all'estensione delle lesioni a carico dei lobi frontali sia con indici relativi al carico lesionale globale e con indici di atrofia.

Sulla base della notevole quantità di ricerche dedicate all'individuazione dei deficit cognitivi prevalenti nei pazienti con SM si può affermare che le aree cognitive più frequentemente interessate sono: attenzione, memoria, velocità di elaborazione delle informazioni, funzioni esecutive, percezione visuo-spaziale. Altre abilità, come per es. il livello intellettivo generale e alcune componenti della memoria e del linguaggio risultano invece essere maggiormente preservate.

Funzioni attentive ed elaborazione delle informazioni

Tra le funzioni cognitive più spesso compromesse a causa della SM vi è certamente l'attenzione. L'attenzione è una funzione complessa a più componenti: i processi attentivi hanno a che fare con la capacità di dirigere e focalizzare la propria attività mentale secondo scopi prefissati, esercitando funzioni di controllo e integrazione nei confronti di numerose altre abilità cognitive. Un modello clinico diffuso e generalmente riconosciuto, suddivide l'attenzione in cinque sottocomponenti principali. L'allerta rappresenta la funzione che permette di rispondere a un segnale in assenza di distrattori. Essa è suddivisa in allerta tonica (ossia il livello di attivazione sempre presente) e in allerta fasica (incremento della capacità di risposta in relazione a uno stimolo di allarme o a un segnale). L'attenzione sostenuta consiste nella capacità di mantenere un discreto livello di prestazione durante un'attività continua e ripetitiva. Pazienti con disturbi di questa sottocomponente attentiva presentano cadute progressive (effetto *time on task*) e/o improvvise (*lapses of attention*) della concentrazione. L'attenzione selettiva o focale si riferisce all'abilità di isolare gli stimoli target rispetto ai distrattori. Con il termine di alternanza attentiva, invece, ci si riferisce alla capacità di spostare il proprio focus attentivo da un compito a un altro. È pertanto una componente attentiva che richiede capacità di flessibilità mentale. Infine, l'attenzione divisa rende possibile orientare e mantenere la propria attività mentale su più stimoli simultaneamente.

Strettamente legato ad alcune delle componenti attentive sopra menzionate è il concetto di *working-memory*. Tale funzione permette di mantenere l'informazione attiva per il tempo necessario a compiere una determinata attività, per poi orientare l'attenzione verso un altro compito o ritornare a una attività precedente. La *working-memory* è associata a una serie di processi attivi di controllo tra cui strategie di reiterazione, codifica, gestione e recupero delle informazioni. Pertanto, essa dipende anche dai processi esecutivi. Baddeley e Hitch (1974) descrivono un sistema correlato alla working-memory, definito *central executive,* che costituisce l'interfaccia tra il magazzino di memoria a lungo termine e la *working-memory.* Le componenti attentive sono tutte strettamente collegate alla *working-memory* e ai processi esecutivi.

Numerosi studi hanno evidenziato come il rallentamento nella velocità di elaborazione delle informazioni sia tra i primi sintomi cognitivi a comparire e a manifestarsi nella SM (Rao S.M. et al., 1989c; Demaree H.A. et al., 1999; Janculjak D. et al., 2002; Penner I.K. et al., 2003; De Luca J. et al., 2004; Nocentini U. et al., 2006a). Tra le prime ricerche effettuate in tale direzione, lo studio di Rao et al. (1989c) ha rilevato che pazienti affetti da SM richiedevano maggior tempo, rispetto ai controlli, per determinare se un numero specifico era incluso o meno in una serie di numeri da ricordare; poiché i due gruppi avevano livelli di accuratezza simile, gli autori suggerivano la presenza di un deficit di velocità di elaborazione dell'informazione nel gruppo costituito da pazienti con SM.

Tuttavia, molti degli studi effettuati da questo momento in poi sull'argomento, pur avendo fornito informazioni importanti circa quello che sembra essere uno dei disturbi chiave della malattia e tra i primi a comparire, hanno generato una certa confusione tra i termini di velocità e accuratezza della prestazione; in altre parole, molti studi condotti non sarebbero stati in grado di quantificare la velocità di elaborazione delle informazioni, controllando l'accuratezza di esecuzione della prestazione.

Alla luce di questa esperienza, l'obiettivo della ricerca effettuata da Demaree et al. (1999) era proprio quello di valutare l'attenzione e l'elaborazione dell'informazione attraverso l'uso di prove opportunamente modificate, in modo tale da ottenere una misurazione della velocità di elaborazione delle informazioni e contemporaneamente controllare l'accuratezza della performance. Per effettuare questo studio, gli autori hanno utilizzato il test PASAT (Gronwall D.M., 1977), ritenuto particolarmente adatto per i pazienti con SM in quanto non comporta un coinvolgimento di abilità visuo-motorie. La versione normalmente utilizzata di questo test prevede una variazione del tempo di presentazione degli stimoli numerici. Poiché nei pazienti con SM una maggiore velocità di presentazione determina un decremento nell'accuratezza della performance, l'uso di questo test non permette di misurare la velocità di elaborazione delle informazioni, controllando l'accuratezza della performance; il protocollo appositamente ideato per questo studio era in grado di valutare i livelli di accuratezza della performance dopo aver stabilito per ciascun soggetto la velocità ottimale di presentazione degli stimoli.

I risultati di questo studio hanno suggerito che quando ai pazienti viene concesso il tempo di cui hanno bisogno per la codifica delle informazioni, la prestazione risulta sovrapponibile a quella dei soggetti sani di controllo in termini di accuratezza. La velocità di elaborazione dell'informazione sarebbe, dunque, un fattore chiave che influenza la codifica nella *working-memory.* I dati emersi da questi studi suggerirebbero, pertanto, che al di là di quali siano le componenti attentive maggiormente coinvolte (attenzione divisa e sostenuta), ciò che appare di fondamentale importanza nell'interpretazione dei risultati è di non confondere la "lentezza" delle prestazioni con la "scarsa" qualità delle stesse. Questi risultati forniscono importanti indicazioni per l'impostazione di un programma di riabilitazione cognitiva; fornendo più tempo si può ottenere una codifica adeguata delle informazioni e migliorare le capacità di apprendimento di quei pazienti con SM che presentano dei deficit di queste funzioni.

Deficit attentivi sono stati anche riscontrati in pazienti con SM in fase iniziale. Lo studio di Dujardin et al. (1998) ha valutato le capacità di attenzione sostenuta e selettiva semplice e complessa in un gruppo di pazienti con esordio recente di SM, attraverso un programma che prevedeva la ricerca di stimoli target tra alcuni distrattori su uno schermo. Il paziente veniva istruito a rispondere nel minor tempo possibile e a compiere il minor numero di errori. Venivano calcolati i tempi di risposta e il numero di errori. I risultati di questo studio hanno evidenziato che i pazienti con esordio recente di SM presentano disturbi attentivi. Anche qui, similmente a quanto riscontrato da Demaree et al. (1999), i disturbi attentivi non riguarderebbero tanto l'accuratezza, che rimane uguale a quella dei soggetti sani di controllo, ma sembrerebbero essere una diretta conseguenza del rallentamento cognitivo identificato in questi pazienti. Tale rallentamento è, però, significativo soltanto nei compiti di attenzione selettiva complessa per i quali il carico cognitivo è sensibilmente maggiore.

Funzioni mnesiche

La memoria viene generalmente distinta in memoria a breve termine (MBT) e memoria a lungo termine (MLT). La prima ha una capacità limitata (il cosiddetto span di memoria a breve termine) e permette di registrare le informazioni per un periodo limitato di tempo; la MLT consente, potenzialmente, di ritenere una quantità illimitata di informazioni per l'intera vita di un individuo. All'interno della memoria a breve termine viene distinta la *working-memory* (Baddeley A.D. e Hitch G.J., 1974; Baddeley A.D., 1990) ossia la capacità di mantenere presenti e attive informazioni provenienti dall'esterno o dalla MLT per il tempo necessario a compiere determinate azioni complesse in tappe successive (ad es. impostare un discorso, impostare e risolvere mentalmente compiti aritmetici, organizzare un'attività). Essa è una componente basica della memoria a breve termine; analizza in modo integrato e sincrono le informazioni da apprendere, le ordina in sequenze logiche e ne facilita così l'apprendimento. Come già menzionato, il governo di questa componente funzionale della memoria, definito "Sistema Esecutivo Centrale" (Baddeley A.D. e Hitch G.J., 1974) ha un ruolo che va ben al di là della capacità mnesica in senso stretto e si integra strettamente con le capacità attentive e con le capacità di elaborazione logica e di programmazione.

Per quanto concerne la MLT, essa viene suddivisa in memoria esplicita e memoria implicita. La prima consente un apprendimento e una rievocazione consapevole e cosciente delle informazioni. Essa è suddivisa al suo interno in memoria episodica, anterograda e retrograda, e in memoria semantica. La memoria episodica antero-grada permette di acquisire nuove informazioni e, nei casi di pazienti amnesici, è quella che più comunemente rimane danneggiata; la memoria retrograda permette di ricordare eventi acquisiti nel passato. In generale, nei pazienti con postumi di trau-ma cranico è in parte conservata. Spesso, però, si osserva che più l'evento oggetto del ricordo è vicino al trauma subito, maggiore è la probabilità che il soggetto non lo ri-cordi o lo rievochi solo parzialmente. La memoria semantica è, invece, relativa alle conoscenze enciclopediche e di significato delle informazioni. La memoria implicita, al contrario, permette un apprendimento inconsapevole, non intenzionale. Un esem-pio utile per chiarire il funzionamento di questo tipo di memoria è il cosiddetto *re-petition priming* (Schacter D.L., 1993): dopo aver letto a un soggetto una lista di pa-role, gli si chiede di completare parole di cui vengono fornite solo le lettere iniziali; il paziente tende genericamente a produrre parole uguali a quelle precedentemente presentate (se, ad esempio, nella prima lista il paziente leggeva la parola CANE, suc-cessivamente tenderà a completare la sillaba CA__ con la parola CANE acquisita pre-cedentemente). Questo tipo di memoria viene genericamente conservata anche in casi di grave sindrome amnesica (Graf P. e Schacter D., 1985) e può essere utilizzata per indurre il paziente alla memorizzazione di informazioni o di strategie di com-penso del deficit.

La memoria è una delle abilità cognitive maggiormente danneggiate nei pazien-ti con SM e, anche per questo, è stata ed è oggetto di numerosi studi clinici e speri-mentali. Non tutte le componenti mnesiche sono, però, direttamente coinvolte in questa malattia.

La working memory appare generalmente compromessa come diretta conse-guenza del generale rallentamento cognitivo (Litvan I. et al., 1988; Rao S.M. et al., 1989c; Grigsby J. et al., 1994; Rao S.M., 1995). Obiettivo dello studio di Grigsby (1994), effettuato su un gruppo di 23 pazienti affetti da SM cronico-progressiva, era di va-lutare la presenza di deficit di *working-memory* e di valutare se questi fossero ascri-vibili in larga misura alle capacità di elaborare le informazioni; un declino nelle abi-lità di elaborazione delle informazioni avrebbe correlato con un deficit di *working-memory*. Dai risultati è emerso che i punteggi ottenuti al test di fluidità verbale - prova che valuta anche le capacità e la velocità di elaborazione - correlavano signi-ficativamente con tutte le misure di memoria a breve termine eccetto la rievocazio-ne immediata di consonanti. Questo risultato è in linea con l'ipotesi che la velocità e la capacità di elaborare le informazioni verbali siano associate con la performan-ce a test di *working-memory*. Grigsby et al. (1994) suggeriscono, dunque, che il defi-cit principale, osservato nella malattia, sia non solo un decremento nella velocità di elaborazione delle informazioni, ma anche nella capacità centrale di elaborazione delle stesse. Tale dato è maggiormente riscontrabile quando i pazienti vengono co-involti in compiti complessi che richiedono una elaborazione delle informazioni più profonda. La compromissione nella elaborazione delle informazioni è compatibile con i dati che indicano un danno dei lobi frontali nei pazienti con SM.

Deficit delle funzioni esecutive sono, inoltre, associati a disturbi di metamemoria; alcuni pazienti tendono a sottovalutare i propri disturbi di memoria manifestando, in tal modo, un deficit di consapevolezza del grado di efficienza mnesica (Beatty W.W. e Monson N., 1991).

Alcune ricerche hanno, inoltre, rilevato la presenza di disturbi di memoria episodica e semantica a lungo termine. Secondo alcune ricerche (Beatty W.W. et al., 1989; Jennekens-Schinkel A. et al., 1990) il deficit sarebbe dovuto a una difficoltà nell'accesso alle informazioni; i pazienti con SM ricordano, complessivamente, meno parole dei controlli nelle prove di apprendimento di una lista di parole, mentre le curve di apprendimento sono simili tra i due gruppi. Ai test di rievocazione differita, sia del breve racconto che della lista di parole, non si evidenzia un accelerato oblio delle informazioni depositate, in quanto le prestazioni ottenute nei pazienti con SM sono simili a quelle ottenute nei controlli, in relazione alla percentuale di informazioni dimenticate nella rievocazione differita rispetto a quella immediata. Rao et al. (1989a), utilizzando un test ideato per analizzare la memoria nelle sue diverse componenti (codifica, immagazzinamento, recupero), hanno rilevato che il deficit mnesico era dovuto alla compromissione del recupero delle tracce mnesiche.

Gli studi più recenti (De Luca J. et al., 1994; De Luca J. et al., 1998) sembrano indicare, invece, che si tratta di un deficit di acquisizione (*encoding*) delle informazioni piuttosto che di rievocazione (*retrieval*) delle stesse. Il primo studio (De Luca J. et al., 1994) ha avuto per obiettivo il chiarimento, attraverso il controllo iniziale delle informazioni verbali apprese, della controversia "codifica vs rievocazione" (*acquisition vs retrievial*). In questo studio, sebbene il gruppo di pazienti affetti da SM avesse necessità di più presentazioni del materiale per apprendere l'informazione verbale, non si evidenziavano differenze significative con il gruppo di soggetti sani di controllo nella rievocazione dal magazzino a lungo termine o nel riconoscimento di materiale dopo un intervallo di 30 minuti.

Obiettivo della ricerca più recente (De Luca J. et al., 1998) è stato quello di replicare ed approfondire i risultati ottenuti nel precedente lavoro (De Luca J. et al., 1994), di verificare se i risultati erano validi e applicabili anche nel caso della memoria visiva e di valutare il grado di oblio dal magazzino a lungo termine dopo che l'informazione viene appresa. Anche in questo studio è stata utilizzata una versione modificata di un test di apprendimento di una lista di parole (*selective reminding test*) correlate semanticamente. Nella versione utilizzata per questo studio, la lista di parole viene presentata per intero fino a quando il soggetto non è in grado di ripetere tutte e dieci le parole del test per due volte consecutive; in tal modo è stato possibile controllare la differenza di acquisizione tra il gruppo di pazienti con SM e il gruppo di controllo. Velocità uditiva ed efficienza di elaborazione delle informazioni sono state misurate utilizzando una variante del test attentivo PASAT; la versione utilizzata di questo test (AT-SAT) rende possibile, come già accennato a proposito dello studio di Demaree et al. (1999), effettuare un controllo della velocità di presentazione; per ciascun paziente il programma stabilisce l'optimum di intervallo inter-stimolo (soglia) al quale ciascun partecipante risponde correttamente per il 50% degli item. L'apprendimento visivo è stato valutato utilizzando una versione modificata del test di memoria visiva 7/24, particolarmente indicata per la valutazione dei pazienti con SM in quanto non influenzata dal grado di acuità visiva o di controllo motorio. A tutti i soggetti dello studio è stata, inoltre, somministrata una batteria di test neuropsicologici.

I risultati di questo studio hanno dimostrato che ai pazienti con SM erano necessari più trial rispetto ai controlli per apprendere la lista di parole; il dato farebbe pensare che il disturbo di memoria sia dovuto a un deficit in fase di acquisizione delle informazioni. Dopo aver, infatti, controllato le differenze nell'acquisizione di materiale verbale, il gruppo con SM non si differenzia dal gruppo di controllo nel numero di parole rievocate a distanza di 30 e di 90 minuti, o di una settimana. Questi dati replicano i risultati del precedente lavoro (De Luca J. et al., 1994); la compromissione della memoria verbale non è dovuta a deficit di rievocazione dal magazzino a lungo termine, ma a deficit nell'acquisizione iniziale del materiale verbale da apprendere. Inoltre non si è evidenziata alcuna differenza nel grado di oblio del materiale verbale appreso tra pazienti con SM e soggetti di controllo; il dato confermerebbe che, una volta acquisita, l'informazione verbale viene rievocata e riconosciuta nella stessa misura dei controlli, anche a distanza di una settimana dal primo apprendimento. Questi dati smentiscono che il disturbo di memoria in pazienti con SM sia causato da un deficit nell'immagazzinamento (*storage*) delle informazioni o nella rievocazione (*retrieval*) delle stesse.

Per quanto riguarda la memoria visiva, i dati emersi dallo studio, mostrano un pattern lievemente diverso; nei test di memoria visiva, i pazienti con SM vanno significativamente peggio, rispetto ai controlli, sia nella rievocazione che nel riconoscimento a distanza di 30 e di 90 minuti dopo l'acquisizione; ciò suggerisce una compromissione in fase di immagazzinamento o di consolidamento della traccia mnestica, piuttosto che un deficit nella fase di rievocazione. Tuttavia, il grado di oblio dell'informazione visiva precedentemente acquisita e immagazzinata sembra essere lo stesso dei soggetti di controllo.

Inoltre, contrariamente a quanto ci si aspettava, la velocità di elaborazione delle informazioni non correla con i tentativi per raggiungere il criterio e la maggior parte delle misure di rievocazione e di riconoscimento dei test di memoria verbale. Ciò è in contrasto sia con il precedente lavoro di De Luca et al. (1994), che mostra una relazione tra performance al PASAT e i tentativi per raggiungere il criterio, che con altri studi che suggeriscono una relazione tra velocità di elaborazione e memoria (Litvan I. et al., 1988). Il PASAT è un test che richiede velocità, efficienza e flessibilità di pensiero, tra le altre funzioni. La versione appositamente modificata e utilizzata per questo studio (AT-SAT) isola la componente "velocità" di questo difficile compito. I risultati suggeriscono, pertanto, che la velocità di elaborazione da sola non può essere associata alla memoria e all'apprendimento verbale; essa può giocare il ruolo di funzione "che contribuisce" a compiti che richiedono una maggiore velocità per un' adeguata performance e/o a compiti che richiedono la simultanea elaborazione di più elementi di informazione (Paradigma del *dual-task*). In tal senso, i risultati negativi dello studio (De Luca J. et al., 1998), concordano con i dati emersi da una meta-analisi (Thornton A.E. e Raz N., 1997) nella quale non è stato trovato un legame tra efficienza di elaborazione delle informazioni e performance di memoria in pazienti con SM. L'associazione tra la performance tradizionale al PASAT e le misure di apprendimento e memoria può essere dovuta ad altre componenti cognitive implicate nella corretta esecuzione di questo compito, quali flessibilità di pensiero o capacità di *multitasking*.

Perché, dunque, consentire più tentativi per raggiungere il criterio migliora le capacità di rievocazione e di riconoscimento di questi pazienti tanto da ottenere risultati sovrapponibili a quelli dei controlli? Secondo De Luca et al. (1998) non sono tanto i trial di ripetizione in più a migliorare di per sé la performance quanto, piuttosto, la migliore qualità della codifica delle informazioni che ne deriva. La codifica viene definita in psicologia cognitiva come "il processo che permette di interpretare e di organizzare gli item in unità di memoria". Ne consegue che da sola la ripetizione non migliora la rievocazione; ma è la migliore organizzazione del materiale codificato, che risulta dalle reiterate opportunità di apprendimento, a migliorare la performance di memoria.

I dati emersi da questo studio mostrerebbero che la memoria verbale e la memoria visiva seguono un diverso pattern di compromissione. L'ipotesi è anche sostenuta in un precedente studio di Rao et al. (1991a). I dati emersi da questo studio circa una compromessa codifica e una intatta rievocazione delle informazioni possono avere significative implicazioni in riabilitazione.

Come avviene per la maggior parte dei soggetti amnesici, anche i pazienti con SM sembrano conservare la memoria implicita. Un recente studio di Seinelä et al. (2002) ha esaminato le capacità di memoria implicita in un gruppo di pazienti affetti da SM con compromissione cognitiva. La memoria implicita viene tradizionalmente misurata con compiti di *priming*; il livello di accuratezza o la velocità con la quale viene eseguito un compito di memoria può venire favorito se il soggetto viene precedentemente esposto all'informazione necessaria all'esecuzione del compito. Uno dei test più utilizzati di *priming* è lo Stem Completion Test, nel quale al soggetto viene richiesto di completare tre lettere iniziali con la prima parola che gli viene in mente (ad es.: CRE____); l'effetto *priming* si manifesta se il soggetto completa le radici target con le parole precedentemente presentate (ad es.: CREMA).

Sebbene nei pazienti amnesici la memoria esplicita sia gravemente compromessa, essi mostrano performance nella norma in compiti di memoria implicita. I dati emersi da questo studio mostrano la presenza di una dissociazione tra memoria implicita e memoria esplicita anche in pazienti con SM che presentano deterioramento cognitivo; inoltre sembrerebbero confermare risultati di studi precedenti che suggeriscono la presenza di sistemi distinti per la memoria esplicita e la memoria implicita; anche nei pazienti che presentano una diffusa compromissione cognitiva i circuiti neuronali, coinvolti nella memoria implicita, sembrano non deteriorarsi.

Tali risultati incoraggiano lo sviluppo di futuri programmi riabilitativi e suggeriscono che l'uso della memoria implicita può contribuire ad aiutare i pazienti affetti da SM, con disturbo di memoria consapevole, nello svolgimento delle attività quotidiane.

Funzioni esecutive

Il termine "funzioni esecutive" fa riferimento a un insieme di aspetti complessi del funzionamento cognitivo che vanno dalla gestione dell'iniziativa alla capacità di inibizione della risposta e di persistenza nel compito, dalla capacità di pianificazione all'analisi e risoluzione di problemi, dalla capacità di ragionamento astratto e concettuale alla gestione delle risorse cognitive; per il buon funzionamento di tali aspetti è necessario che non siano compromesse funzioni come l'attenzione e la memoria che, pur considerate più elementari, sono anch'esse organizzate su più livelli.

Sul piano teorico la valutazione delle funzioni esecutive pone delle difficoltà dovute sia alla sopra menzionata dipendenza dell'efficienza di tali funzioni da altri livelli del funzionamento cognitivo sia a una ancora non chiara definizione e delimitazione delle stesse funzioni esecutive.

Sul piano pratico, sono stati proposti una serie di test neuropsicologici per la valutazione delle funzioni esecutive (Lezak M., 1995; Spreen O. e Strauss E., 1998) che valutano contemporaneamente più aspetti all'interno di tale ambito funzionale e permettono quindi di avere un'idea, seppure generica, dell'efficienza di tali funzioni. A una performance deficitaria nei suddetti test dovrebbe corrispondere quanto riferito, più frequentemente dalle persone vicine al paziente che dal paziente stesso, riguardo a difficoltà nel considerare e risolvere problemi che richiedono di prendere in esame soluzioni alternative, difficoltà nel rispettare un programma di attività articolate o nuove, la tendenza a perseverare in una azione anche se evidentemente inefficace.

Si tende in genere a considerare un deficit delle funzioni esecutive come indicativo di danno alle strutture dei lobi frontali o delle connessioni tra strutture profonde dell'encefalo (ad es., gangli della base) e i lobi frontali stessi.

I pazienti con SM, dal punto di vista dell'anatomia lesionale, presenterebbero, quindi, un rischio consistente di disfunzioni esecutive. Infatti, già nel 1957 Pearson et al. evidenziavano differenze significative tra i pazienti con SM e i controlli in un compito che richiede l'identificazione di regole per la soluzione di problemi; altri lavori (Beatty P.A. e Gange J.J., 1977; Heaton R.K. et al., 1985; Foong J. et al., 1997) succedutisi nel tempo hanno evidenziato disfunzioni nella identificazione degli elementi comuni a serie di oggetti e situazioni o delle relazioni che legano azioni o affermazioni secondo una sequenza logica (identificazione di concetti, capacità di astrazione).

Secondo i risultati di alcune ricerche (Heaton R.K. et al., 1985; Beatty W.W. et al., 1989; Rao S.M. et al., 1987, 1991a; Nocentini U. et al., 2001, 2006a) la disfunzione più evidente nei pazienti con SM sembrerebbe essere la perseverazione su concetti o soluzioni non più adeguati alla luce del mutare delle situazioni; ma i risultati di studi che hanno esaminato separatamente diversi aspetti delle capacità esecutive sembrano suggerire che la maggiore difficoltà di questi pazienti consiste nella mancata identificazione di concetti.

In realtà, un esame critico dei vari lavori suggerisce alcune considerazioni di ordine generale: i progressi nella definizione delle varie sottocomponenti delle funzioni esecutive e dei vari livelli in cui è possibile scomporre l'attività di risoluzione di un processo esecutivo (ad es., pianificazione finalizzata al raggiungimento di uno scopo, la generazione di strategie flessibili, il mantenimento del set, il monitoraggio dell'azione e l'inibizione degli stimoli irrilevanti), a cui si è assistito sul piano teorico, hanno avuto solo recentemente una qualche applicazione nell'investigazione dei deficit dei pazienti con SM: ad es., Birnboim e Miller (2004) hanno valutato le capacità di applicare e mantenere una strategia di lavoro ai fini della efficace esecuzione del compito.

I risultati di questo studio sono in accordo con la possibilità che i pazienti con SM abbiano difficoltà nell'affrontare situazioni nuove, portare a termine un progetto, avere a che fare con informazioni complesse. Va segnalato che Birnboim e Miller (2004) non evidenziano differenze significative tra i pazienti con forma RR e forma SP in termini di abilità di applicazione di strategie. Anche questo studio conferma, inoltre, che nella valutazione delle funzioni esecutive sono necessarie soluzioni soddisfacenti per superare le difficoltà nel separare quegli aspetti che siano realmente componenti delle funzioni esecutive da quanto vada considerato di competenza di livelli diversi del funzionamento cognitivo; la compromissione dei vari aspetti delle funzioni esecutive non è uniforme nei pazienti con SM e il profilo di tali deficit non corrisponde a quello riscontrabile in pazienti con danni frontali di altra eziologia; non è possibile, infatti, attribuire con certezza i deficit delle funzioni esecutive evidenziabili nei pazienti con SM al danno a carico dei lobi frontali: alcuni autori (Swirsky-Sacchetti T. et al., 1992; Arnett P.A. et al., 1994), sulla base dei loro studi di correlazione del danno evidenziato alla RM con le prestazioni in test che esplorano le funzioni esecutive, hanno postulato una stretta relazione tra danno dei lobi frontali e deficit di tali funzioni; altri studi (Foong J. et al., 1997; Nocentini U. et al., 2001) ripropongono la difficoltà nello stabilire lo specifico contributo della patologia dei lobi frontali nel determinare i deficit esecutivi in presenza di un danno diffuso all'intero encefalo come avviene nella SM.

Appare, pertanto, evidente che, da un lato, sono necessarie ulteriori ricerche per definire con più precisione le caratteristiche dei deficit esecutivi dei pazienti con SM e per comprendere le cause prime di tali deficit; d'altronde sul piano clinico e assistenziale, pur con le limitazioni a cui si è fatto cenno, è necessario valutare anche questo aspetto del funzionamento cognitivo nel singolo paziente con SM e mettere in atto tentativi per la riduzione delle conseguenze di eventuali deficit esecutivi, alla luce della ricaduta che essi potrebbero avere sulle situazioni di vita quotidiana del paziente, tra cui, non ultime, quelle relative alle decisioni terapeutiche e alla pianificazione delle strategie di intervento.

Funzioni visuo-spaziali

La valutazione delle funzioni visuo-spaziali nei pazienti con SM è stata oggetto di specifiche ricerche in misura sicuramente limitata. Tale scarsità di studi corrisponde alle difficoltà che anche sul piano clinico si incontrano nell'accertamento di aspetti del funzionamento cognitivo che risentono notevolmente della compromissione sensoriale visiva così frequente, e a volte grave, nei pazienti con SM.

Va, nondimeno, menzionato che tra il 2000 e il 2001, Vleugels et al. (Vleugels L. et al., 2000 e 2001) hanno riportato i risultati di una corposa ricerca sulla compromissione visuo-percettiva in pazienti con SM e tali studi rappresentano un importante punto di riferimento.

I suddetti ricercatori hanno sottoposto un campione di 49 pazienti con SM a 31 test neuropsicologici in grado di valutare abilità visuo-percettive sia di tipo spaziale che non spaziale; i pazienti non presentavano rilevanti compromissioni visive. La percentuale di pazienti con prestazioni deficitarie in 4 o più test risultava essere abbastanza rilevante, poiché si attestava al 26%, ma non vi era una uniformità o selettività nel tipo di compromissioni. Solo in 4 dei 31 test si raggiungevano livelli significativi di compromissione: un test di discriminazione dei colori, un test relativo alla percezione di illusioni visive, un test che valuta la percezione di oggetti e un test che valuta lo stadio associativo della percezione visiva di oggetti. A conferma della variabilità dei deficit visuo-spaziali nei pazienti con SM, i quattro test, pur dimostrando un buon potere predittivo del deficit visuo-spaziale complessivo, così come determinato sulla base della totalità dei 31 test, non possedevano una sensibilità e specificità pienamente soddisfacenti nei confronti di un criterio indipendente di valutazione della compromissione visuo-percettiva.

La prestazione nelle prove visuo-percettive correlava debolmente con lo stato cognitivo generale, la disabilità fisica globale misurata con l'EDSS (Kurtzke J.F., 1983) e i punteggi per i sistemi funzionali piramidale, cerebellare e del tronco-cerebrale sempre dell'EDSS; non venivano riscontrate correlazioni significative con altri segni neurologici, durata di malattia, tipo di decorso della SM, anamnesi di neurite ottica, depressione e farmaci.

Non permettendo lo studio sopra descritto di escludere che i deficit evidenziati nei test visuo-percettivi siano dovuti a deficit visivi non evidenziabili con le abituali procedure cliniche o a deficit di altre funzioni cognitive, gli stessi autori (Vleugels L. et al., 2001) hanno effettuato un ulteriore studio sottoponendo i pazienti con SM sia alla estesa batteria di test visuo-percettivi che a test per la valutazione delle capacità di risoluzione spaziale e temporale relativamente a stimoli visivi e a potenziali evocati indotti da variazioni del pattern visivo. I risultati di questo lavoro di approfondimento sono a favore di una sostanziale indipendenza dei deficit visuo-percettivi nei confronti degli altri deficit cognitivi e dei deficit visivi; la correlazione delle prestazioni ai test visuo-percettivi, seppur debole, con la capacità di risoluzione temporale per gli stimoli visivi, una funzione che si ritiene sia sostenuta dal canale magnocellulare e dalla porzione dorsale delle proiezioni visive, suggerisce interessanti possibilità per future ricerche indirizzate ad ulteriori precisazioni dei meccanismi causali dei deficit visuo-spaziali al netto dei deficit elementari della visione di assai frequente riscontro nei pazienti con SM.

Linguaggio

Le ricerche che hanno esplorato direttamente e con un certo dettaglio le capacità linguistiche di pazienti con SM sono indubbiamente poche (Kujala P. et al., 1996a; Friend K.B. et al., 1999).

Non possono essere considerati decisivi, per stabilire se nella SM i disturbi di linguaggio rappresentino un problema significativo, le sporadiche segnalazioni di vere e proprie sindromi afasiche: esse conseguono a vaste lesioni demielinizzanti a carico della sostanza bianca sottostante le aree corticali considerate cruciali per i processi di elaborazione linguistica o a lesioni che provocano una disconnessione tra tali aree o tra le aree della percezione visiva e uditiva e quelle del linguaggio (Friedman J.H. et al., 1983; Achiron A. et al., 1992; Arnett P.A. et al., 1996; Jonsdottir M.K. et al., 1998): tali casi sembrerebbero, infatti, estremamente rari e non rappresentativi per l'intera popolazione di pazienti con SM.

Gli studi sistematici (Kujala P. et al., 1996a; Friend K.B. et al., 1999) hanno evidenziato deficit nella denominazione orale, nella fluenza verbale sia su stimolo fonetico che di tipo categoriale, nella comprensione uditiva (in particolare di materiale complesso o ambiguo dal punto di vista sintattico-grammaticale - Grossman M. et al., 1995), nella lettura.

Tali deficit potrebbero essere legati a una compromissione primaria delle funzioni linguistiche o essere la conseguenza di deficit di altri aspetti del funzionamento cognitivo (attenzione ed elaborazione delle informazioni, memoria, funzioni esecutive) la cui efficienza è sicuramente rilevante anche sul piano del linguaggio; altri deficit potrebbero conseguire alle disfunzioni nella trasmissione di informazioni tra i due emisferi dovute alle frequenti lesioni del corpo calloso, trasmissione probabilmente necessaria per i processi linguistici di maggiore complessità. Gli studi finora condotti non permettono di decidere tra le ipotesi alternative avanzate per l'interpretazione dei deficit linguistici nei pazienti con SM. Sulla base di elementi teorici si dovrebbe supporre che i disturbi da disconnessione abbiano una frequenza superiore a quella riscontrata finora. Dal punto di vista clinico non è semplice identificare eventuali deficit linguistici in questi pazienti poiché sono probabilmente di lieve o moderata entità e relativi ai livelli più complessi dell'elaborazione linguistica. Si deve anche considerare che nella valutazione neuropsicologica formale delle funzioni linguistiche si pone il problema della natura del materiale di testo utilizzabile alla luce dei problemi sensori-motori dei pazienti con SM (es., acuità e discriminazione visiva).

La questione delle capacità linguistiche dei pazienti con SM rimane, quindi, aperta e non dovrebbe essere trascurata poiché il ruolo della mediazione verbale nelle attività di vita quotidiana non è certo irrilevante.

Intelligenza generale

Sia nei manuali che negli articoli che descrivono specifiche ricerche sulle funzioni cognitive dei pazienti con SM si afferma che l'intelligenza generale è sufficientemente preservata in questi pazienti. In realtà, non vi sono dati sufficienti per accettare o respingere questa affermazione. Prima di tutto vi sono notevoli difficoltà per stabilire una definizione condivisa di intelligenza generale con il conseguente problema di identificare degli strumenti di misura adeguati: questa situazione, probabilmente, scoraggia, in generale, l'effettuazione di ricerche sul tema dell'intelligenza. Per quanto riguarda i pazienti con SM, inoltre, si aggiungono, sul piano pratico, le difficoltà causate dalla presenza dei deficit di altre abilità che sono in grado di incidere anche notevolmente sulle prestazioni nelle prove abitualmente utilizzate per la valutazione dell'intelligenza (ad es., la WAIS - Wechsler Adult Intelligence Scale - Revised; Ryan J.J. et al., 1982).

Pertanto, i risultati dei lavori che hanno evidenziato un decremento del quoziente intellettivo dei pazienti con SM sia nei confronti di soggetti di controllo (Foong J. et al., 1997) che in relazione al cosiddetto quoziente intellettivo premorboso (Ron M.A. et al., 1991) potrebbero aver risentito dell'influenza di altre compromissioni cognitive, il cui controllo non è per niente agevole al momento della valutazione dell'intelligenza.

Va anche detto che i metodi di valutazione del grado di intelligenza premorbosa fanno riferimento al livello di conoscenze e capacità che sarebbero state acquisite prima dell'insorgenza di una patologia a carico del SNC: nel caso della SM non è assolutamente facile stabilire l'epoca reale in cui si è avviato il processo patologico: ciò potrebbe essersi verificato anche molti anni prima della comparsa di manifestazioni cliniche evidenti.

Quindi, anche il tema dell'intelligenza generale non ha ancora trovato, nel caso dei pazienti con SM, delle risposte adeguate. Probabilmente sarà necessario un diverso approccio teorico al concetto di intelligenza e la conseguente realizzazione di strumenti di valutazione.

La valutazione neuropsicologica nella sclerosi multipla

Le compromissioni cognitive che caratterizzano i pazienti con SM, comportano in molti casi una significativa disabilità anche in assenza di rilevanti deficit motori. Per tale ragione è opportuno valutare questi aspetti della malattia al momento della prima valutazione neurologica e, se necessario, approfondire il quadro cognitivo con valutazioni più estese e dettagliate.

Le scale neurologiche standard non consentono, però, un'adeguata valutazione delle capacità cognitive del paziente. Si è delineata, pertanto, l'esigenza di poter disporre di batterie di test in grado di descrivere con precisione il pattern cognitivo dei pazienti con SM. La pratica clinica non permette, tuttavia, approfondimenti per tutti i pazienti affetti da SM; valutazioni neuropsicologiche estese sono infatti troppo lunghe e impegnano troppe risorse per poter essere applicate in modo routinario. Si pone, quindi, la necessità di disporre di brevi batterie di screening, dotate di un alto grado di specificità e di sensibilità, di rapida e facile somministrazione e valutazione, utilizzabili anche da personale non specializzato ed effettuabili da pazienti con disabilità sensori-motorie. L'utilizzo di una batteria estesa di test eterogenei che esplorino in modo approfondito tutte le diverse capacità mentali, si contrappone alla scelta di una batteria di test ridotta, più breve ed essenziale, in grado di fornire una visione d'insieme delle capacità cognitive del paziente. A tal riguardo, l'uso di una batteria di screening (MMSE; SEFCI; Batteria di Rao; ecc.) permette di valutare, seppur in modo preliminare, un maggior numero di pazienti, rimandando a più approfondite valutazioni solo quei pazienti in cui si evidenziano deficit sostanziali.

Sulla base di queste considerazioni sono stati proposti diversi strumenti di valutazione. In prima battuta si è tentato di applicare, nell'esame dei pazienti con SM, uno strumento di rapida valutazione, il Mini Mental State Examination (MMSE; Folstein M.F. et al., 1975) già largamente impiegato nello screening per le demenze dell'età presenile e senile. Il test è costituito da cinque prove che esaminano l'orientamento spazio-temporale, l'attenzione, la memoria a breve e a lungo temine, le abilità costruttivo-organizzative ed il linguaggio. Questo test richiede circa 5-10 minuti per la somministrazione. Numerose sono state, tuttavia, le critiche mosse al MMSE nel corso degli anni. Lo studio di Beatty e Goodkin (1990) ha rilevato, ad esempio, un grado molto basso di sensibilità nell'evidenziare la presenza di deficit cognitivi nei pazienti con SM. Per tale ragione gli studiosi hanno ritenuto opportuno elevare il punteggio al di sotto del quale è possibile ipotizzare la presenza di disturbi cognitivi da 24 a 28. Inoltre quasi tutti gli studi di validazione sono stati condotti su pazienti che possedevano, secondo una frequente distinzione clinica, quadri cognitivi compatibili con un quadro di demenza corticale. Al contrario, la maggior parte dei pazienti con SM, presentano un profilo cognitivo compatibile con una demenza sottocorticale. Tale sindrome è caratterizzata da un globale rallentamento dei processi cognitivi, da disturbi di memoria, da difficoltà nella soluzione di problemi e dalla presenza di disturbi dell'affettività (apatia e depressione), nel contesto di una sostanziale conservazione delle funzioni linguistiche, prassiche e gnosiche. Questi aspetti cognitivi nel MMSE o non sono valutati o sono valutati in maniera superficiale. Studi successivi sono stati pertanto indirizzati a sviluppare nuovi strumenti di valutazione, che fossero sufficientemente brevi e sensibili alle compromissioni cognitive della SM.

Tra questi va certamente annoverato lo Screening Examination For Cognitive Impairment (SEFCI; Beatty W.W. et al., 1995). Tale batteria, appositamente sviluppata per pazienti con SM, rappresenta uno degli strumenti di screening più utilizzati e di maggiore validità. Esso richiede circa 25 minuti di tempo per la somministrazione, che può essere effettuata anche da personale non specializzato opportunamente addestrato. Questa breve batteria è costituita da una serie di prove che indagano diverse funzioni cognitive: memoria immediata e differita (Short Word List), capacità di denominazione e di fluenza verbale (Shipley Institute of Living Scale), capacità di attenzione visuo-spaziale (Symbol Digit Modalities Test).

Altro strumento assai utilizzato, anch'esso appositamente sviluppato per pazienti con SM, è il Brief Repeatable Battery of Neuropsychological Tests (BRBNT; Rao S.M., 1990). La batteria è costituita da 5 test che indagano i seguenti ambiti cognitivi: capacità di memoria a breve e a lungo termine (Selective Reminding Test); capacità di memoria visuo-spaziale a breve e a lungo termine (10/36 Spatial Recall Test); capacità di attenzione sostenuta e concentrazione (Paced Auditory Serial Addition Test); velocità di elaborazione delle informazioni e *working-memory* (Symbol Digit Modalities Test); capacità di fluenza verbale (Word List Generation). Uno studio recente (Solari A. et al., 2002) ha evidenziato che la BRBNT è lievemente, ma non significativamente, più sensibile della SEFCI nell'identificare pazienti in cui siano presenti compromissioni cognitive. I test che meglio discriminano tra pazienti con SM e controlli sono: il Selective Reminding Test e il PASAT per quanto riguarda la BRBNT e il SDMT per la SEFCI. Tuttavia la BRBNT richiede circa 11 minuti di tempo in più per la somministrazione.

Un'altra batteria per lo screening delle performance cognitive di pazienti con SM è la Neuropsychological Screening Battery for Multiple Sclerosis (NPSBMS; Rao S.M. et al., 1991a). Questa batteria comprende un test di apprendimento verbale e di capacità di memoria a breve e a lungo termine (Selective Reminding Test), di apprendimento spaziale (7/24 Spatial Learning Test), di attenzione e di working memory (Paced Auditory Serial Addition Test) e di fluenza verbale (Controlled Oral Word Association Test). La somministrazione di questa batteria richiede un tempo breve (circa 20 minuti) e non necessita di personale specializzato; ha dimostrato di possedere una sensibilità del 71% e una specificità del 94% nel discriminare i pazienti cognitivamente compromessi da quelli integri (Rao S.M. et al., 1991a).

Un ulteriore esempio di batteria applicata nella valutazione dei pazienti con SM è la Repeatable Battery for the Assessment of Neuropsychological Status (RBANS; Randolph C., 1998). Essa valuta la memoria a breve e a lungo termine, il linguaggio, l'attenzione e le capacità visuo-spaziali. Richiede circa 30 minuti per la somministrazione. Questa batteria è stata utilizzata nella valutazione di soggetti affetti da altre patologie che comportano deficit cognitivi. Essa dispone di eccellenti dati normativi per individui dai 20 agli 89 anni d'età e, attraverso l'applicazione di un semplice algoritmo, rende possibile la valutazione dello stato cognitivo dei pazienti con malattia di Alzheimer, di Huntington, con demenze vascolari sottocorticali e malattia di Parkinson con demenza.

Dai risultati dello studio di Aupperle et al. (2002) è emerso che sia la SEFCI che la NPSBMS hanno maggiori probabilità di identificare pazienti con SM che presentano compromissioni cognitive rispetto alla RBANS. La SEFCI, poiché richiede minor tempo per la somministrazione, è da preferirsi nel caso in cui obiettivo dello screening sia di testare un ampio numero di pazienti con il limite che la sua affidabilità è relativa a una singola valutazione, poiché non si conoscono gli effetti dell'apprendimento in caso di somministrazioni ripetute. Sia la NPSBMS che la BRBNT sembrano adattarsi meglio per studi clinici che richiedono più valutazioni nel corso del tempo. Presso il nostro Istituto viene utilizzata una batteria composta dalla Mental Deterioration Battery (Carlesimo G.A. et al., 1996) e da altri due test: Modified Card Sorting Test (Nelson H.E., 1976) e il Symbol Digit Modalities Test - Versione Orale (Smith A., 2000; Nocentini U. et al., 2006b). Questa batteria è stata anche utilizzata in uno studio multicentrico che ha interessato più di 600 pazienti, di cui 461 con forma RR (per i dati su questo gruppo vedi Nocentini U. et al., 2006a). In essa sono contenute prove di: velocità di elaborazione delle informazioni, MBT, MLT, funzioni esecutive, visuo-percezione, linguaggio, intelligenza.

I dati riportati in letteratura circa la frequenza delle compromissioni cognitive nei pazienti affetti da SM confermano la necessità di poter disporre di strumenti di screening agili e affidabili. Infatti anche se sono disponibili un gran numero di test per una valutazione neuropsicologica delle funzioni cognitive nella SM, non è semplice comporre una batteria adeguata. I test di tale batteria devono, infatti, necessariamente permettere di indagare adeguatamente gli ambiti cognitivi potenzialmente compromessi nei pazienti affetti da SM, facendo pesare il meno possibile i concomitanti deficit sensori-motori (Benedict R.H. et al., 2002b).

Nel caso in cui, mediante una metodologia di screening, siano state identificate delle compromissioni cognitive, è necessario approfondire la valutazione degli ambiti del funzionamento cognitivo per i quali sono stati evidenziati dei deficit: tale approfondimento sarà utile per poter comprendere le ragioni delle difficoltà che il paziente incontra nelle attività di vita quotidiana e per poter rendere il paziente stesso, i suoi familiari e *caregivers* consapevoli di tali problematiche; la definizione, nel maggior dettaglio possibile, delle disfunzioni cognitive è indispensabile per poter pianificare ed effettuare un programma di rieducazione cognitiva dei deficit presenti e per poterne verificare i risultati.

Per una valutazione approfondita dell'uno o l'altro aspetto del funzionamento cognitivo si potrà fare ricorso ai numerosi test neuropsicologici disponibili, la descrizione dettagliata dei quali non è negli scopi di questo capitolo. Si rimanda pertanto ai testi specialistici (Lezak M., 1995; Spreen O. e Strauss E., 1998).

Capitolo 3
Disturbi psicopatologici e loro correlazioni con le compromissioni cognitive

Nel trattare l'argomento delle disfunzioni cognitive che possono interessare i pazienti con SM, un aspetto che assume rilevanza, sia in termini generali che nell'ottica della riabilitazione cognitiva, è il tema dei disturbi psicopatologici.

I pazienti con SM, infatti, vanno incontro a disturbi dell'umore con notevole frequenza e non se ne può non tenere conto se si vuole avere una visione complessiva e integrata delle problematiche di questi pazienti. Dedichiamo, pertanto, questo breve capitolo al tema dei disturbi psicopatologici e della loro relazione con i disturbi cognitivi.

Tra i disturbi dell'umore quello che, per vari motivi, assume particolare rilevanza ed è stato oggetto di un maggior numero di indagini cliniche e sperimentali è il disturbo depressivo.

La co-morbidità della SM e della depressione appare essere veramente alta, con una prevalenza di tale disturbo dell'umore che arriva al 50% se si considera l'intero arco della vita dei pazienti con SM. La prevalenza della depressione nei pazienti con SM è superiore a quella riscontrata in altre condizioni patologiche croniche di gravità corrispondente e la frequenza dei suicidi tra i pazienti con SM sarebbe 7 volte e mezzo superiore a quella riscontrata nella popolazione generale di età corrispondente (Goldman Consensus Group, 2005; Siegert R.J. e Abernethy D.A., 2005; Joffe R.T., 2005).

Anche le più recenti ricerche e revisioni sull'argomento ripropongono una questione fondamentale a proposito della relazione tra SM e depressione: questo disturbo è una condizione specifica dei pazienti con SM con una eziopatogenesi in comune o è secondaria, reattiva a una condizione patologica come la SM che colpisce tutti gli aspetti di una persona e può interferire con tutte le attività di vita quotidiana? In altre parole, qual è la quota di coincidenza e quella di indipendenza tra le due patologie?

La difficoltà nel rispondere a queste domande è già evidente se prendiamo in considerazione i criteri diagnostici per la depressione riportati nel DSM IV TR (American Psychiatric Association, 2000): infatti, 4 o 5 dei sintomi considerati come basilari per l'Episodio Depressivo Maggiore (disturbi del sonno, rallentamento psicomotorio, fatica, difficoltà di concentrazione, riduzione dell'appetito con perdita di peso) possono presentarsi nei pazienti con SM indipendentemente dalla presenza della depressione: la sola presenza aggiuntiva di un umore depresso o della perdita di interessi per le attività di vita quotidiana sarebbe, quindi, sufficiente per raggiungere il numero dei cinque sintomi basilari necessari ad avanzare la diagnosi del suddetto disturbo depressivo. Sempre facendo riferimento ai criteri diagnostici standardizzati, quanto si riscontra nei pazienti con SM potrebbe anche rientrare nella definizione di Disturbo dell'Adattamento con Umore Depresso o corrispondere al Disturbo dell'Umore dovuto a una Condizione Medica Generale: in quest'ultimo caso, la depressione sarebbe conseguenza di un danno in grado di provocare sia gli altri sintomi e segni della SM sia il disturbo depressivo.

L'alta prevalenza della depressione (superiore a quanto riscontrato in altre patologie), le somiglianze nelle modalità di presentazione e decorso della SM e della depressione, alcuni dati delle neuro-immagini, dati immuno-patologici e dati sulla relazione tra depressione e disfunzioni cognitive deporrebbero in favore di una possibile comune causalità tra SM e depressione.

Il fatto che la frequenza della depressione nella SM sia maggiore che in altre patologie potrebbe essere spiegato sulla base delle peculiarità di questa malattia in termini di impatto sulla vita delle persone affette: proprio le caratteristiche e le conseguenze della SM rappresentano per alcuni autori un forte argomento a favore del carattere di reattività che rivestirebbe la depressione.

I dati sulla correlazione tra depressione e livelli globali di disabilità dovrebbero sostenere l'ipotesi della reattività della depressione, ma tali dati non sono sicuramente univoci. Altri dati sulla relazione tra tipo di decorso della SM e depressione (Zabad R.K. et al., 2005) e il dato dell'apparente assenza di una base genetica per la depressione nei pazienti con SM (Sadovnick A.D. et al., 1996) possono essere interpretate a favore sia dell'ipotesi della specificità sia della reattività.

Come si riscontra frequentemente nella interpretazione delle caratteristiche della SM, è probabile che ci sia una coesistenza di aspetti specifici ed elementi reattivi nella genesi del disturbo depressivo.

L'identificazione della quota spettante all'uno e all'altro gruppo di cause è importante non in termini speculativi, ma per le sue ricadute sugli aspetti terapeutici e gestionali.

Per concludere le brevi note sulla depressione nei pazienti con SM, accenniamo a due aspetti: la valutazione e la terapia. Per quanto riguarda il primo argomento, richiamandoci a quanto detto a proposito dei criteri diagnostici, la notevole difficoltà nell'applicazione delle scale per la valutazione della depressione, abitualmente utilizzate per la popolazione generale, consiste nella sovrapposizione tra SM e depressione per quanto riguarda i sintomi somatici. Recentemente si è tentato di introdurre nella valutazione dei pazienti con SM degli strumenti che esaminano separatamente gli aspetti psico-emotivi da quelli somatici (ad es., Solari A. et al., 2003).

Per quanto riguarda la terapia del disturbo depressivo, bisogna dire che nonostante le difficoltà di inquadramento e di interpretazione, il disturbo depressivo dei pazienti con SM sembra rispondere in modo soddisfacente alle terapie farmacologiche di comune utilizzo per la depressione così come alla psicoterapia e ancora di più a un approccio combinato (Schiffer R.B. e Wineman N.M., 1990; Mohr D.C. et al., 2001). A tali possibilità terapeutiche potrebbe aggiungersi, dopo le opportune verifiche sperimentali, l'uso della stimolazione magnetica transcranica (Fregni F. e Pascual-Leone A., 2005). Per quanto riguarda le terapie farmacologiche vanno tenute presenti le cautele a cui si è fatto cenno parlando dell'influenza dei farmaci sul funzionamento cognitivo.

Al di là della soluzione dei dilemmi sulle cause e delle difficoltà nella valutazione e alla luce della gravità delle possibili conseguenze e delle buone possibilità di intervento terapeutico, un problema rilevante è rappresentato dalla mancata identificazione della depressione nei pazienti con SM che si verificherebbe nell'attività clinica, secondo quanto riportato da vari autori (Goldman Consensus Group, 2005; Siegert R.J. e Abernethy D.A., 2005, Wallin M.T. et al., 2006).

La stima qualitativa e quantitativa delle relazioni tra disturbi depressivi e funzionamento cognitivo nei pazienti con SM è un compito difficile. Prima di tutto non è semplice stabilire la direzionalità dell'influenza di un tipo di disturbo sull'altro: la consapevolezza ma anche la presunzione, possibilmente errata, di un deficit cognitivo può ovviamente generare o incrementare un'alterazione dell'umore; è d'altronde nota l'influenza della depressione, di per sé, sulle capacità cognitive dell'individuo affetto. Il risultato della valutazione dei disturbi dell'umore può essere influenzato da molti fattori: nelle fasi molto iniziali della malattia il peso di alcuni di questi fattori potrebbe essere assente o scarso (es., effetti farmacologici; esperienza personale della malattia), ma in queste fasi i disturbi cognitivi sono, al più, minimi e non identificabili con i test neuropsicologici di comune impiego clinico.

Per quanto riguarda le ricerche effettuate sul tema nei pazienti con SM, tenendo conto delle limitazioni metodologiche di diversi lavori, i risultati più consistenti sembrano quelli relativi alla influenza negativa della depressione sui processi di memoria di lavoro e di elaborazione delle informazioni più esigenti in termini di risorse impegnate (Moller A. et al., 1994; Thornton A.E. e Raz N., 1997; Arnett P.A. et al., 1999). Per quanto riguarda gli altri aspetti del funzionamento cognitivo, i dati disponibili non permettono di trarre conclusioni significative, anche se prevale l'assenza di influenze significative (Moller A. et al., 1994)

Gli aspetti del funzionamento cognitivo che risultano più consistentemente in relazione con la presenza della depressione (*working-memory*, funzioni attentive) sono sostenuti, tra le altre, da strutture dei lobi frontali: tali strutture sembrerebbero implicate anche nella regolazione degli aggiustamenti comportamentali e delle risposte emotive; la concomitanza del disturbo depressivo e dei deficit attentivi e di *working-memory* potrebbe quindi derivare dall'interessamento, spesso rilevante nei pazienti con SM, dei lobi frontali e delle connessioni di questi con le altre strutture enecefaliche.

Per quanto riguarda la frequenza dei disturbi d'ansia gli studi presenti in letteratura sono sicuramente meno numerosi di quelli sulla depressione. Le percentuali di prevalenza riportate sono estremamente variabili: ciò risente dell'influenza di molti fattori, sia inerenti la SM che relativi agli aspetti metodologici, ma, riflettendo sull'esperienza che deriva dalla consuetudine con i pazienti con SM, si è portati a dare maggior credito alle percentuali più alte di prevalenza. Ancora più incerta appare la stima dei livelli medi di gravità del disturbo d'ansia. I dati sulla maggiore frequenza dell'ansia nelle donne, rispetto agli uomini, possono suggerire una maggiore propensione all'esternazione degli stati emotivi nelle prime o una migliore capacità di controllo nei secondi: in ogni caso, tali dati offrono lo spunto per riflettere ancora sulla difficoltà delle rilevazioni sulla epidemiologia dell'ansia nella SM. Per certi versi, un corretto e sistematico approccio clinico può permettere di rilevare la presenza di stati ansiosi nel singolo paziente, ma le valutazioni di gruppi di pazienti a fini di ricerca possono presentare molte più difficoltà. Si impone, pertanto, che futuri studi sui disturbi d'ansia nei pazienti con SM vengano programmati con particolare attenzione agli aspetti metodologici.

Sul piano clinico, si deve anche ipotizzare che la presenza di uno stato ansioso sia ritenuta "normale" dai medici ma anche dagli stessi pazienti, al punto di non essere, da un lato, indagata con accuratezza e dall'altro segnalata con particolare enfasi. La compresenza di ansia e depressione è frequente e ciò comporta, ovviamente, ulteriori problemi per vari tipi di indagini, tra cui non ultime quelle sulle relazioni tra disturbi d'ansia e disturbi cognitivi.

Relativamente ad altri disturbi psicopatologici (disturbo bipolare, psicosi, disturbi somatoformi), alcune ricerche effettuate sia in anni recenti sia nel passato, alternativamente affermano o negano una loro maggiore frequenza nei pazienti con SM. Anche in questo caso la sovrapposizione con i disturbi della malattia neurologica, la notevole variabilità interindividuale che caratterizza ogni situazione riscontrabile nei pazienti con SM, le differenze metodologiche tra i vari studi, ma anche l'evoluzione della nosografia psichiatrica, la possibilità che un certo disturbo sia legato a specifici aspetti della SM, sia solo precipitato da essa o sia casualmente associato a essa rendono molto complessa la raccolta di dati e una loro univoca interpretazione.

Dopo aver solo menzionato che episodi psicotici possono, anche se molto raramente, caratterizzare l'esordio clinico della SM, per approfondimenti relativi a questi altri disturbi psicopatologici si rimanda alla letteratura pertinente (Cottrell S.S. e Wilson S.A., 1926; Surridge D., 1969; Matthews W.B., 1979; Trimble M.R. e Grant I., 1981; Awad A.G., 1983; Drake M.E., 1984; Kellner C.H. et al., 1984; Schiffer R.B. et al., 1986; Joffe R.T. et al., 1987; Feinstein A. et al., 1992; Hutchinson M. et al., 1993; Salmaggi A. et al., 1995; Lyoo K. et al., 1996; Mendez M.F., 1999; Diaz-Olavarrieta C. et al., 1999), poiché sul tema di interesse precipuo per questo volume, la relazione tra disfunzioni cognitive e tali disturbi, non ci sono dati specifici derivati da ricerche sistematiche.

Una breve riflessione a parte meritano i disturbi della personalità per accennare che alcuni autori hanno ipotizzato che i pazienti con SM presentino dei caratteri specifici di personalità: queste specificità, che sono però negate da altri, potrebbero giocare un ruolo nella risposta alla condizione di malattia e questa potrebbe slatentizzare un disturbo che sarebbe anche potuto rimanere sotto la soglia di manifestazione. I risultati di una ricerca (Benedict R.H. et al., 2001), che ha indagato le relazioni tra disturbi di personalità e disfunzioni cognitive nei pazienti con SM, suggeriscono un collegamento tra il danno a carico dei lobi frontali e i disturbi di personalità, ma non permettono di chiarire le relazioni temporali tra il danno causato dalla SM e i suddetti disturbi.

Inseriamo in questo breve capitolo sui disturbi psicopatologici anche un cenno a un sintomo o, per meglio dire, a una condizione che fin dalle prime osservazioni sistematiche della malattia aveva suscitato interesse negli studiosi: l'euforia. La descrizione data nel 1926 da Cottrell e Wilson rimane ancora fondamentalmente valida: uno stato mentale caratterizzato da espressioni di allegria e felicità e da una condizione di tranquillità; i pazienti danno un'impressione di serenità e buon umore; pur potendo essere consapevole delle disabilità da cui è affetto, il paziente euforico dichiara di sentirsi bene e in forma, si pone in una prospettiva di guarigione ed ha un atteggiamento ottimistico nei riguardi del futuro.

L'interpretazione dell'euforia, considerata comunque come una condizione patologica, è andata incontro a importanti variazioni nel corso del tempo: i primi autori la consideravano un disturbo psicopatologico caratteristico o patognomonico della SM, mentre da quando la valutazione delle funzioni cognitive è divenuta sempre più sistematica e specifica, l'euforia viene vista come una conseguenza del deterioramento cognitivo o, comunque, inquadrata tra le conseguenze della perdita di capacità critiche conseguente al grave interessamento dei lobi frontali e delle loro connessioni.

Nonostante l'interesse che sembrerebbe avere l'approfondimento delle relazioni tra la compromissione cognitiva e lo stato di euforia, è sorprendente come non vi siano studi recenti che abbiano esplorato questi aspetti.

Capitolo 4
Correlati dei deficit cognitivi con altri parametri

Correlati neuroanatomici e neuroradiologici del disturbo cognitivo nella sclerosi multipla

La tomografia computerizzata (TC) è stata il primo esame radiologico a dimostrare la presenza di lesioni cerebrali nei pazienti con SM. Gyldensted (1976) esaminò con la TC cerebrale 110 pazienti con SM ed individuò, in 40 pazienti, 82 aree di attenuazione del segnale a sede periventricolare, in particolare in corrispondenza dei corni frontali, occipitali e dei trigoni; si associavano ampliamento ventricolare e atrofia corticale. De Weerd (1977) studiò con la TC cerebrale 23 pazienti con SM e dimostrò ampliamento dei ventricoli laterali in 13 di questi, mentre in 10 pazienti venivano rilevate aree di ipodensità di segnale a sede periventricolare, alcune delle quali correlavano con la sintomatologia. Aita et al. (1978), in pazienti con SM in fase di riacutizzazione, dimostrarono con la TC cerebrale la presenza di lesioni, a sede periventricolare ed in corrispondenza della sostanza bianca profonda, che captavano il mezzo di contrasto; secondo gli autori, tali lesioni rappresentavano zone di attiva demielinizzazione, con fuoriuscita del mezzo di contrasto iodato per alterazione della barriera emato-encefalica. La TC cerebrale convenzionale si dimostrava quindi in grado di rilevare, in pazienti con SM, lesioni ipodense della sostanza bianca, atrofia cerebrale e lesioni captanti il mezzo di contrasto, queste ultime indicative di malattia in fase acuta.

Nel 1981 Young et al. descrivevano il primo studio in cui pazienti con SM venivano sottoposti a TC ed RM cerebrale: la TC evidenziava 19 lesioni, tutte a sede periventricolare, mentre alla RMN (effettuata utilizzando tecniche di acquisizione di segnale inversion-recovery e spin-echo) venivano rilevate 112 lesioni, particolarmente a sede periventricolare e nel tronco-encefalo. Nel 1984 Runge et al. descrivevano i risultati ottenuti su 39 pazienti con SM, esaminati attraverso la RM a 0.5 Tesla, con quelli ottenuti sottoponendo gli stessi pazienti a TC ad alta risoluzione: la RM rilevò anomalie specifiche in tutti i casi, mentre la TC si dimostrò positiva solo in 15 dei 33 pazienti esaminati. Le lesioni erano, inoltre, più estese alla RM che alla TC; quelle della sostanza bianca cerebrale venivano meglio individuate con le sequenze spin-echo pesate in T2, mentre quelle del tronco-encefalo erano meglio definite dalle sequenze inversion-recovery. La superiorità della RM sulla TC cerebrale nel discriminare le lesioni nella SM veniva anche dimostrata da Stewart et al. (1987), che trovavano delle correlazioni positive tra lesioni confluenti periventricolari alla RM, durata di malattia e grado di disabilità. La RM convenzionale si dimostrava quindi più sensibile della TC nel dimostrare la presenza delle lesioni cerebrali e soprattutto nel rilevare le lesioni in corrispondenza della fossa cranica posteriore.

Gli studi clinici e sperimentali che hanno utilizzato e utilizzano la RM al fine di accrescere le conoscenze sulle caratteristiche della SM hanno avuto una crescita ad andamento esponenziale.

La RM è considerata il più importante esame paraclinico per la valutazione diagnostica dei pazienti con sospetta SM e per il monitoraggio dell'efficacia delle terapie sull'evoluzione della malattia.

Il primo rilevante studio sulle correlazioni tra deficit cognitivi e lesioni rilevabili alla RM convenzionale veniva effettuato da Rao et al. (1989b) in 53 pazienti con SM. Questi autori, utilizzando un sistema quantitativo semiautomatico, misurarono tre parametri alla RM: area lesionale totale (TLA), rapporto ventricoli/encefalo (VBR) e dimensioni del corpo calloso (SCC). Le analisi statistiche indicavano il TLA come un forte fattore predittivo di deficit cognitivo, in particolare per memoria a breve termine, ragionamento astratto-concettuale, linguaggio e *problem-solving* visuo-spaziale. Il SCC aveva un valore predittivo relativamente alla capacità di elaborazione delle informazioni e al *problem-solving*, mentre il VBR non si dimostrava predittivo di deficit cognitivi. Anche Swirsky-Sacchetti et al. (1992) riscontravano che il TLA era il più importante parametro predittivo del deficit cognitivo nella SM. Essi, inoltre, studiando la distribuzione topografica delle lesioni, rilevavano che il grado di coinvolgimento del lobo frontale di sinistra era predittivo della compromissione della capacità di *problem-solving*, della memoria e della fluenza verbale, mentre il carico lesionale nella regione parieto-occipitale sinistra è predittivo dell'apprendimento verbale e delle abilità visuo-spaziali. Gli studi successivi rilevavano significative correlazioni tra l'estensione delle alterazioni della sostanza bianca encefalica riscontrate alla RM convenzionale e gravità della compromissione cognitiva, considerata sia globalmente che per singole funzioni neuropsicologiche. Nel 1993, Comi et al., studiando le correlazioni tra deficit cognitivi e RM in 100 pazienti con SM, dimostravano una maggiore compromissione nei pazienti con atrofia cerebrale e del corpo calloso ed una significativa correlazione tra area lesionale totale e compromissione ai test di memoria (WMT), del linguaggio (Token Test) e del Quoziente Intellettivo. Arnett et al. (1994) dimostravano come i risultati al Wisconsin Card Sorting Test erano correlati alla estensione dell'area lesionale relativa al lobo frontale, confermando una stretta correlazione tra lesioni del lobo frontale e deficit delle funzioni esecutive. Foong et al. (1997), nel tentativo di definire meglio il ruolo dell'interessamento del lobo frontale nella compromissione delle funzioni esecutive, sottoponevano 42 pazienti con SM a valutazione neuropsicologica e RM: tali autori sottolineavano la difficoltà nell'attribuire specifici deficit cognitivi a lesioni focali in presenza di un danno diffuso. Sempre in questa ottica, Benedict et al. (2002a) se da un lato dimostravano, in 35 pazienti con SM, come l'atrofia corticale frontale rilevabile alla RM convenzionale, era predittiva di deficit nell'apprendimento verbale e spaziale, attentivi e nel ragionamento concettuale, dall'altro ottenevano correlazioni significative sia del TLA che dell'ampliamento del III ventricolo con i deficit cognitivi. Ugualmente, Nocentini et al. (2001) evidenziavano, in un campione di soli pazienti con forma SP in fase di stabilità clinica, che le prestazioni di questi soggetti, nelle prove indicative del funzionamento dei lobi frontali, correlavano sia con parametri regionali che con indici di atrofia globale. Gli studi effettuati negli anni successivi hanno confermato come il carico lesionale e soprattutto l'atrofia cerebrale, rilevabili alla RMN convenzionale, siano i due parametri maggiormente correlati con i deficit cognitivi e con la progressione del deficit riscontrato nei pazienti con SM (Benedict R.H. et al., 2004, 2005; Lazeron R.H. et al., 2005; Portaccio E. et al., 2006; Sanfilipo M.P. et al., 2006).

I dati ottenibili mediante RM convenzionale fornirebbero, quindi, delle informazioni relativamente rilevanti sulla relazione tra caratteristiche, quantità, localizzazione delle lesioni e caratteristiche quantitative e qualitative dei deficit cognitivi nei pazienti con SM. A determinare questa situazione contribuiscono vari fattori:

- le lesioni della SM avrebbero una distribuzione abbastanza uniforme nelle varie regioni dell'encefalo, il che porta a una relazione statisticamente significativa tra carichi lesionali regionali e carico lesionale globale: ciò ovviamente influenza anche le correlazioni statistiche con le prestazioni ai test neuropsicologici;
- la specificità di un determinato test neuropsicologico nel valutare un certo dominio cognitivo e, ancora di più, nello stabilire il funzionamento di una determinata area dell'encefalo non sono, purtroppo, definiti in modo netto;
- le tecniche di segmentazione delle aree cerebrali non garantiscono anch'esse risultati di elevata accuratezza;
- il peso delle suddette difficoltà, già rilevante a livello di gruppi, diviene fondamentale nel determinare la scarsa utilità di correlare parametri neuroradiologici e prestazioni cognitive nel singolo individuo.

Si è, pertanto, cercato di studiare ulteriormente tali relazioni utilizzando le nuove tecniche di neuroimmagine che si andavano via via sviluppando. Nel 1998 Rovaris et al. studiarono le correlazioni tra estensione delle lesioni, rilevabili con differenti tecniche di neuroimmagine, e deficit cognitivi in 30 pazienti con SM. Gli autori dimostrarono la correlazione positiva tra TLA e deficit cognitivi, ma anche come il danno cerebrale microscopico e macroscopico, rilevabile attraverso la Magnetization Transfer Imaging (MTI), sia più importante del danno lesionale regionale (determinabile con la tecnica convenzionale) nel determinare i deficit di selettive funzioni cognitive. Nel 2000, Blinkenberg et al. studiarono le relazioni tra i dati ottenuti con la tomografia a emissione di positroni (PET), i parametri di RMN convenzionale e le funzioni cognitive in 23 pazienti con SM e rilevarono come la misurazione quantitativa del consumo corticale di glucosio correlava con i deficit cognitivi e con le lesioni (TLA) riscontrate nelle sequenze T2-pesate. In uno studio del 2002, Staffen et al. sottoponevano a test di attenzione sostenuta e risonanza magnetica nucleare funzionale 21 pazienti con SM *Relapsing-Remitting* ed un gruppo di controllo di 21 volontari sani.

Il pattern di attivazione durante il test di attenzione sostenuta si dimostrava diverso tra pazienti con SM e controlli, in particolare l'attivazione principale nei pazienti con SM riguardava la corteccia frontale destra (aree di Brodmann 6, 8 e 9), mentre nel gruppo di controllo interessava il giro del cingolo di destra (area di Broadmann 32). Tale differenza nel pattern di attivazione veniva interpretata come conseguenza di meccanismi compensatori dovuti alla plasticità neuronale. Anche Chiaravalloti et al. (2005a) hanno studiato il pattern di attivazione alla RM funzionale durante un test di working memory in pazienti con SM e controlli sani. I pazienti con SM cognitiva-mente compromessi mostravano la maggiore attivazione in corrispondenza dei lobi frontale e parietale di destra. D'altra parte, i pazienti con SM cognitivamente integri ed i controlli sani rivelavano una prevalente attivazione emisferica sinistra, in parti-colare a sede frontale. Anche più recenti studi di RM funzionale (Forn C. et al., 2006) dimostrano che, durante compiti di *working-memory*, i pazienti con SM ed i control-li sani hanno un pattern di attivazione che interessa la corteccia frontale (aree 6 e 9 di Broadmann) e parietale (aree 7 e 40 di Broadmann) di sinistra, ma i pazienti con SM hanno anche un forte pattern di attivazione nella corteccia prefrontale di sinistra (aree 44 e 45 di Broadmann) che invece non hanno i controlli sani, e ciò indica un'im-portante riorganizzazione corticale. Anche le più recenti tecniche di neuroimaging quali la *magnetization transfer* MRI, la *diffusion-weighted* MRI e la *proton magnetic resonance spectroscopy* si stanno dimostrando particolarmente importanti nella com-prensione della patogenesi del deficit cognitivo nei pazienti con SM. L'elemento pre-minente sembra essere che la demielinizzazione e la degenerazione assonale, presenti precocemente nella SM, interrompano le vie associative cortico-sottocorticali con prevalente compromissione dei circuiti mnesico-attenzionali (Staffen W. et al., 2005; Deloire M.S. et al., 2005; Mathiesen H.K. et al., 2006; Rovaris M. et al., 2006).

Correlazioni dei deficit cognitivi con altri parametri clinici

I parametri clinici presi regolarmente in considerazione nei pazienti con SM sono la durata di malattia, il tipo di decorso e l'attività di malattia, il grado di disabilità fisi-ca. La correlazione di questi parametri con le prestazioni ai test neuropsicologici non ha dato luogo a risultati univoci. Tale situazione riconosce, come sempre, più di una determinante; le ragioni, infatti, vanno ricercate sia nelle caratteristiche della malattia, che comportano una estrema variabilità da individuo a individuo, che nei limiti dei criteri e degli strumenti di misura utilizzati per la valutazione dei suddet-ti parametri clinici: infatti, solo per fare un esempio che potrebbe sembrare para-dossale, la stessa durata di malattia sfugge alla possibilità di una misurazione precisa ed è soggetta all'applicazione di criteri non uniformi da una casistica all'altra; anche se in misura maggiore o minore, non sfuggono, pertanto, a limiti di incertezza e im-precisione le misurazioni degli altri parametri.

Altri aspetti per i quali sono state effettuate correlazioni con lo stato delle funzioni cognitive sono la fatica e la depressione; anche in questo caso, al notevole interesse per l'identificazione di eventuali relazioni non corrispondono risultati univoci, per le stesse motivazioni riportate a proposito degli altri parametri clinici.

Passiamo ora, comunque, a un esame più dettagliato delle relazioni individuate tra i vari parametri clinici e le caratteristiche del funzionamento cognitivo nei pazienti con SM.

Le correlazioni tra durata di malattia e disfunzioni cognitive appaiono in genere modeste; tra i vari, già accennati, motivi di tale rilievo, non dovrebbe essere considerata la consistenza delle casistiche; infatti, alla luce dei risultati di un recentissimo lavoro (Nocentini U. et al., 2006a) in cui sono stati valutati 461 pazienti con forma RR di SM, l'assenza di correlazioni statisticamente significative tra durata di malattia e prestazioni ai test neuropsicologici non può essere attribuita a un problema di numerosità: l'unica eccezione, in tale lavoro, è la significatività, sempre modesta, della correlazione tra durata di malattia e il punteggio a un test che valuta la velocità di elaborazione delle informazioni (SDMT); una più forte correlazione della durata di malattia con le capacità attentive era già emersa in precedenti lavori (Thornton A.E. e Raz N., 1997). Rimane, come più probabile spiegazione di questa debole correlazione, la difficoltà nel determinare l'effettiva durata di malattia in una condizione patologica in cui l'evidenza dei disturbi può manifestarsi anni dopo l'avvio dei processi patologici.

Passando alle correlazioni dei disturbi cognitivi con il decorso di malattia, anche in questo caso sono presenti in letteratura risultati discordanti: ad es., risultati indicativi di una maggiore compromissione cognitiva nei pazienti con forme cronico-progressive rispetto ai pazienti con forma RR sono stati riportati da Heaton e coll (1985) e da Rao et al. (1987), anche controllando il possibile peso della durata di malattia e del grado di disabilità; Beatty et al. (1990b) hanno, però, evidenziato una debole capacità predittiva del tipo di decorso (RR o cronico-progressivo) nei confronti dei deficit cognitivi.

Una serie di studi più recenti (Foong J. et al., 2000; Gaudino E.A. et al., 2001; Denney D.R. et al., 2004; Huijbregts S.C.J. et al., 2004; Wachowius U. et al., 2005; Kraus J.A. et al., 2005) sembra, però, dimostrare che esistono differenze sostanziali tra gruppi di pazienti con tipi diversi di decorso, anche se la qualità di queste differenze non appare univoca; tra l'altro emerge che, in un quadro generale di maggiore compromissione dei pazienti con forme progressive rispetto a quelli con forma RR, questi ultimi presenterebbero deficit prevalenti in prove che valutano la *working-memory* e la velocità di elaborazione delle informazioni: in uno degli studi citati (Denney D.R. et al., 2004), la prestazione dei pazienti con forma RR appare inferiore a quella dei pazienti con forma PP. Al di là delle ipotesi interpretative che si possono avanzare sulla base dei dati a disposizione, è evidente che il tema è meritevole di ulteriori approfondimenti.

Per quanto riguarda l'attività di malattia, intesa come fasi di ricaduta, i risultati dei pochi studi condotti al proposito sembrano indicare in modo abbastanza uniforme che durante le recidive si verifica un peggioramento delle performance cognitive. Ad es., uno studio abbastanza recente (Foong J. et al., 1998) ha evidenziato problemi in prove di memoria e di attenzione: i deficit di attenzione vengono recuperati mentre i deficit di memoria rimangono invariati alla remissione dell'episodio.

Un problema con questo tipo di valutazioni risiede, però, in un adeguato controllo di altri parametri (ad es., localizzazione lesionale o concomitanti disturbi dell'umore).

La correlazione tra i livelli di disabilità e le prestazioni ai test neuropsicologici risente notevolmente delle caratteristiche degli strumenti di misura. La scala di valutazione della disabilità tuttora di più largo impiego, la Expanded Disability Status Scale (EDSS) di Kurtzke (1983), è sensibile soprattutto alla disabilità motoria e tiene in scarsa considerazione le funzioni mentali: non deve sorprendere che le correlazioni con le prestazioni alle prove neuropsicologiche siano, nel migliore dei casi, modeste. Il fatto che le correlazioni raggiungano alti livelli di significatività statistica quando (Nocentini U. et al., 2006a) vengono valutate popolazioni molto ampie di soggetti, conferma che il punteggio all'EDSS è in una relazione debole con l'andamento del funzionamento cognitivo.

Negli anni più recenti, alla luce dei limiti che caratterizzano l'EDSS, sono stati proposti diversi strumenti alternativi per la misurazione della disabilità; non sono presenti finora in letteratura studi che riportino correlazioni tra i punteggi di queste nuove scale e le prestazioni cognitive di gruppi di pazienti con SM, ma questi dati saranno probabilmente presto disponibili. Uno dei nuovi strumenti per la valutazione della disabilità che sta avendo maggiore diffusione (Multiple Sclerosis Functional Composite - MSFC; Fischer J.S. et al., 1999) prevede la somministrazione di un vero e proprio test neuropsicologico (PASAT) selezionato per la sua specificità nell'evidenziare eventuali deficit nei pazienti con SM.

Capitolo 5
La riabilitazione dei disturbi cognitivi nella sclerosi multipla

Introduzione

Come già accennato, sebbene la scoperta di compromissioni cognitive in pazienti affetti da SM non sia recente, è soltanto negli ultimi tre decenni che si sono fatti notevoli passi avanti nella comprensione di questi disturbi. Oggi, dopo trenta anni di ricerche nel campo della neuropsicologia della SM, sappiamo che i disturbi cognitivi esistono - che non sono, come spesso veniva riferito ai pazienti, conseguenza di ansia e di depressione - e che riguardano i due terzi circa delle persone colpite dalla malattia. Tra i deficit osservati più frequentemente vi sono quelli della memoria, specie di tipo verbale; ed è proprio in questo campo, come riportato in precedenza, che, negli ultimi anni, si è concentrata con maggiore successo la ricerca.

La riabilitazione cognitiva (RC) può essere definita come un insieme di interventi aventi come obiettivo il recupero funzionale delle abilità di vita quotidiana del paziente. Genericamente due sono gli approcci riabilitativi utilizzati. Un primo approccio, basato su strategie *compensatorie*, prevede l'uso di ausili esterni (ad esempio, per i deficit di memoria, liste, appunti, agende, agende elettroniche) per pianificare e programmare le attività quotidiane. Tale approccio prevede, inoltre, che il soggetto giunga a sviluppare una maggiore consapevolezza delle proprie capacità e del loro funzionamento, al fine di attivare un controllo attivo e consapevole sulle proprie prestazioni. Vi è poi un approccio *restituivo* che mira al retraining diretto di una o più funzioni cognitive. Nella pratica riabilitativa di fatto elementi di entrambi i metodi vengono a sovrapporsi in modo proficuo.

Obiettivo primario della RC è, dunque, quello di incrementare le capacità cognitive al fine di permettere al paziente di rispondere nel miglior modo possibile alle richieste dell'ambiente familiare, sociale, scolastico, lavorativo. Nella SM si verificano solo di rado eventi che portano alla perdita totale di una capacità cognitiva. Per tale motivo l'approccio riabilitativo più corretto deve avere come obiettivo quello di ristabilire il più possibile una funzione indebolita. Purtroppo la SM è una patologia a carattere progressivo. Ciò riduce le possibilità che la RC ottenga risultati duraturi. È, pertanto, consigliabile una programmazione duttile dei piani rieducativi con obiettivi a breve termine, che, come tali, si adattano meglio ai continui cambiamenti che produce la patologia.

La scelta del tipo di trattamento cognitivo da effettuare dipende anche da fattori individuali (come l'età e il livello culturale), psicologici, familiari e sociali. Sicuramente i fattori più importanti sono rappresentati dalle caratteristiche del deficit cognitivo e del grado di dipendenza dal danno neurologico, oltre che dalla risposta alle terapie farmacologiche o riabilitative di altro genere (per es. di tipo motorio).

A tutt'oggi sono ancora scarsi gli studi circa l'efficacia della riabilitazione cognitiva nella SM. Gli studi sull'efficacia della riabilitazione cognitiva sono stati effettuati, nella maggior parte dei casi, in popolazioni di pazienti con stroke o con esiti di trauma cranico. Dei pochi studi esistenti sull'efficacia della riabilitazione cognitiva nella SM, in alcuni non viene riscontrato alcun miglioramento dopo il trattamento cognitivo (Foley F.W. et al., 1994; Solari A. et al., 2004); in altri, invece, si documenta l'efficacia di questi trattamenti (Jonsson A. et al., 1993; Mendozzi L. et al., 1998; Scarrabelotti M. e Carroll M., 1999; Chiaravalloti N.D. et al., 2005b).

La proposta di sottoporre i deficit cognitivi che accompagnano la SM a uno specifico trattamento non è recentissima. Gli esperti ritengono che, poiché le sole terapie farmacologiche non sono efficaci, sia necessario affiancare a esse un trattamento riabilitativo specifico. Nonostante ciò la RC non è ancora entrata a far parte, a pieno titolo, dei programmi terapeutici a disposizione dei pazienti con SM. È pur vero che a diverse domande non è stata data ancora una risposta convincente: per esempio la scelta del momento opportuno in cui effettuare una RC, la durata della RC, il tipo di trattamento da effettuare, come valutarne l'efficacia nel singolo soggetto. Inoltre, se il deficit cognitivo è molto severo, si possono ridurre significativamente le reali possibilità di accesso del paziente alle pratiche riabilitative. Queste, infatti, per poter essere efficaci richiedono collaborazione, motivazione e coinvolgimento personale.

Alla luce di questi argomenti appare, dunque, di fondamentale importanza che negli anni a venire si investano maggiori risorse, umane ed economiche, sugli aspetti riabilitativi di questa malattia. Le ricerche nel campo della riabilitazione (metodiche riabilitative e loro efficacia), come già accennato, sono ancora poche e la maggior parte dei metodi utilizzati sono stati prima sperimentati su altre popolazioni di pazienti, in particolare su pazienti che hanno subito traumi cranici o con esiti di stroke. Inoltre si avverte l'esigenza di fare riferimento, per quanto riguarda le strutture che si occupano della malattia, ai cossiddetti *integrated care pathways*, ossia a percorsi riabilitativi specifici per la malattia e integrati tra di loro, flessibili e adattabili alle varie esigenze del paziente.

Metodiche riabilitative

Difficoltà di apprendimento di nuove informazioni e di memoria colpiscono la maggior parte dei pazienti affetti da SM. Diverse ricerche, negli ultimi anni, hanno contribuito a comprendere meglio la natura del problema e a fornire risposte in merito ai metodi rieducativi più adatti ad affrontare questi deficit. Gli studi effettuati in questo campo sembrerebbero confermare che, specie per quanto riguarda la difficoltà di rievocazione di materiale verbale, il danno sia ascrivibile ai processi di acquisizione delle informazioni piuttosto che a quelli di rievocazione delle stesse (De Luca J. et al., 1994 e 1998); la riabilitazione della memoria in pazienti affetti da SM si è, pertanto, focalizzata sulla ricerca di metodiche volte a facilitare e migliorare l'acquisizione (o codifica) delle informazioni da apprendere.

Tra le diverse tecniche comportamentali che, sulla base di ricerche sui soggetti normali, potrebbero favorire l'acquisizione di nuove informazioni, troviamo il cosiddetto *generation effect;* esso si basa sull'osservazione che gli item prodotti dal soggetto stesso vengono ricordati meglio di quelli che vengono forniti. Tale fenomeno pare essere strettamente correlato alla memoria semantica; è stato evidenziato (Slamecka N.L. and Fevreiski J., 1983) che, nel caso dell' apprendimento di non-parole, questo fenomeno non si verifica. Il coinvolgimento della memoria semantica pare, pertanto, di fondamentale importanza perché tale effetto si verifichi.

Più di recente alcuni ricercatori hanno voluto verificare la presenza di questo fenomeno in pazienti affetti da malattie neurologiche. Souliez et al. (1996) hanno valutato la rilevanza di tale fenomeno in un gruppo di pazienti con Malattia di Alzheimer (MA) e in un gruppo di pazienti con demenza fronto-temporale (FTD): il *generation effect* sembra presente nei pazienti con MA, ma non nei pazienti con FTD, nei quali peserebbero maggiormente le difficoltà di rievocazione dell'informazione nella memoria a breve termine. In un lavoro successivo (Multhaup K.S. e Balota D.A., 1997) è stato confermato che pazienti affetti da MA ricordano meglio le parole da loro stessi prodotte (*generation effect*) di quelle presentate dall'esaminatore. In sintesi, gli studi condotti in pazienti affetti da malattie neurologiche hanno evidenziato che le compromissioni cognitive giocano un ruolo chiave riguardo alla possibilità di poter beneficiare del *generation effect*. Tuttavia, quali siano le funzioni cognitive direttamente coinvolte in questo fenomeno è ancora poco chiaro. Inoltre, al contrario di quanto avviene nei casi in cui il coinvolgimento cognitivo è maggiore o nei casi di demenza fronto-temporale, i pazienti con MA di grado lieve continuano a beneficiare di tale effetto.

Obiettivo dello studio effettuato da Chiaravalloti et al. (2002) è stato quello di verificare la presenza del *generation effect* in un gruppo di pazienti affetti da SM e di accertare se questo migliorava effettivamente la capacità dei pazienti di rievocare le informazioni.

Ai soggetti coinvolti in questo studio venivano presentate alcune frasi. In una prima fase dell'esperimento al soggetto venivano presentate frasi in cui l'ultima parola era stata omessa e sostituita con uno spazio (*generated condition*). Il paziente veniva invitato a completare la frase con la parola mancante. La seconda fase dell'esperimento prevedeva la presentazione di alcune frasi in cui la parola da memorizzare era sottolineata (*provided condition*). I pazienti venivano invitati a leggere ciascuna frase ad alta voce. Le due presentazioni venivano intervallate da un compito distrattore. Sono stati valutati la rievocazione e il riconoscimento delle parole prodotte secondo queste modalità a distanza di 30 minuti e di una settimana. Sono state, inoltre, effettuate correlazioni con test di memoria a breve e a lungo termine, di attenzione e per le funzioni esecutive. I risultati di questo studio mostrano la presenza del *generation effect* anche in pazienti affetti da SM; gli stimoli prodotti dagli stessi pazienti vengono rievocati e riconosciuti meglio di quelli che vengono loro direttamente presentati. Inoltre gli studiosi hanno notato che l'efficacia a lungo termine di questa tecnica dipendeva dal numero di sedute: sono necessarie più sedute per rafforzare l'apprendimento e la rievocazione delle informazioni.

La presenza del *generation effect* in pazienti con SM può avere implicazioni significative nella riabilitazione cognitiva e i risultati della riabilitazione si possono trasferire nelle attività di vita quotidiana. Vediamo un esempio: un terapista occupazionale o un fisioterapista, nella prima seduta di trattamento, insegna un esercizio al paziente; al secondo incontro, il terapista può guidare il paziente nella parte iniziale dell'esercizio per poi chiedere di completarne da solo le tappe successive; al terzo incontro, verranno fornite meno informazioni riguardanti le tappe dell'esercizio, mentre il paziente dovrà riprodurre gran parte dello stesso; obiettivo finale sarà quello di ottenere una seduta di trattamento durante la quale il paziente è in grado di rievocare ed effettuare l'intera sequenza dell'esercizio da solo, senza l'aiuto del terapista.

Questo tipo di training deve essere affiancato dalla collaborazione dei familiari, che possono essere istruiti a utilizzare il *generation effect* per facilitare le capacità di apprendimento dei pazienti. Ad esempio, nel caso di un paziente che deve ricordarsi di comprare alcuni articoli, l'informazione da apprendere verrà ricordata meglio se sarà lo stesso paziente a evocarla; se il marito di una paziente, dunque, ha bisogno della schiuma da barba, potrà dire alla moglie, dandole un aiuto di tipo semantico, di avere bisogno di un "prodotto per farsi la barba". La moglie completerà il suggerimento dicendo il nome del prodotto da acquistare.

In un altro studio Chiaravalloti et al. (2003) hanno inteso verificare se, anche in soggetti affetti da SM, si verificasse il cosiddetto "effetto della ripetizione", già ampiamente dimostrato da anni di ricerche su soggetti sani. Secondo tale "effetto", la rievocazione a lungo termine di materiale verbale migliora all'aumentare del numero di ripetizioni dell'informazione da apprendere. Nell'esperimento a tutti i soggetti è stato somministrato un test di apprendimento di parole semanticamente correlate (Selective Reminding Test), secondo una procedura modificata; per controllare il quantitativo di informazione inizialmente appreso, le prove di apprendimento venivano ripetute, per un massimo di 15 volte, fino a quando il paziente ripeteva tutte e 10 le parole previste per due volte consecutive. Di volta in volta venivano ripetute solo quelle parole che il paziente non aveva ricordato la volta precedente. La rievocazione differita delle parole veniva poi effettuata a distanza di 30 minuti, di 90 minuti e di una settimana.

I risultati di questo studio mostrano che nella rievocazione differita i pazienti con SM, che erano stati esposti a più trial per raggiungere il criterio (tutte e 10 le parole della lista ripetute per due volte consecutive), contrariamente a quanto ci si aspettava, ottenevano prestazioni significativamente peggiori dei controlli sani e dei pazienti che avevano necessitato di un numero inferiore di trial per l'apprendimento. Tali risultati possono allora voler dire che i pazienti con SM non sono avvantaggiati dalla ripetizione delle informazioni da apprendere? Neanche questa affermazione, presa alla lettera, è del tutto vera; numerosi studi, infatti (De Luca J. et al., 1994 e 1998; Demaree H.A. et al., 1999) ben documentano il contrario. Una possibile ragione di questa differenza rispetto alla performance degli altri due gruppi di soggetti può essere dovuta all'influenza della ridotta capacità di elaborare le informazioni che caratterizza il pattern cognitivo dei pazienti con SM; i pazienti che avevano necessitato di più trial per ottenere il criterio erano, infatti, coloro nei quali la codifica delle informazioni era meno efficiente. Altra causa possibile di tale risultato potrebbe avere a che fare con l'accuratezza dell'acquisizione delle informazioni. Pertanto, non è la ripetizione da sola a migliorare la rievocazione, ma è la migliore organizzazione dell'informazione che da essa deriva che rende possibile ottenere migliori performance di memoria. Il dato confermerebbe, inoltre, quanto evidenziato da precedenti studi (De Luca J. et al., 1998; Beatty W.W. et al., 1996). Riassumendo quanto dimostrato dallo studio di Chiaravalloti et al. (2003):

1. Non è la ripetizione da sola a migliorare la rievocazione, ma è la migliore organizzazione della codifica del materiale da apprendere che con essa si ottiene, a determinare un miglioramento nelle capacità mnesiche.
2. Inoltre, a causa del rallentamento cognitivo di questi pazienti, è necessario fornire più tempo per l'acquisizione delle informazioni (Demaree H.A. et al., 1999).
3. È importante ridurre i possibili eventi distrattivi in fase di codifica delle informazioni.

Altri metodi utilizzati per migliorare la codifica utilizzano il contesto e l'immaginazione. Un recente studio in doppio cieco randomizzato (Chiaravalloti N.D. et al. 2005b) ha inteso verificare l'efficacia di queste due strategie nel caso di pazienti affetti da SM. Sono stati inclusi nello studio pazienti che presentavano compromissioni nella capacità di apprendere nuove informazioni, con capacità attentive e di comprensione linguistica intatte. Tutti i partecipanti sono stati sottoposti a una valutazione neuropsicologica che comprendeva prove di apprendimento, di attenzione, di concentrazione, di abilità di elaborazione delle informazioni. I partecipanti hanno, inoltre, completato dei questionari di valutazione della depressione, dello stato di ansia e di autovalutazione delle capacità mnesiche (metamemoria). Dopo tale valutazione i pazienti hanno effettuato un training di quattro settimane per due volte alla settimana, per il miglioramento delle capacità mnesiche. Il trattamento era suddiviso in due parti. Nella prima (prime quattro sedute) veniva utilizzata la strategia di *imagery*: ai pazienti veniva richiesto di leggere una storia contenente scene facilmente visualizzabili. I soggetti venivano invitati a utilizzare la visualizzazione per ricordare quanto leggevano. Successivamente veniva loro richiesto di rievocare le parole che nel testo erano stampate in neretto. A tal scopo le frasi riportavano uno spazio vuoto entro il quale il paziente, aiutato dal *contesto*, avrebbe inserito la parola target mancante. Se nemmeno il contesto aiutava il paziente a rievocare la parola, veniva fornito un aiuto semantico (ad esempio, se la parola che il paziente doveva inserire era MELA, l'esaminatore avrebbe suggerito che si trattava di un frutto).

La seconda parte del trattamento (le altre quattro sedute) prevedeva che i pazienti stessi creassero un contesto per facilitare l'apprendimento di nuove informazioni. Ai pazienti veniva presentata una lista di parole da inserire in una storia. Successivamente venivano invitati a visualizzare la storia per facilitarne l'apprendimento, basandosi sulle capacità apprese nella prima parte del trattamento. La procedura veniva ripetuta con la stessa lista di parole. Tale ripetizione intendeva migliorare la costruzione del contesto e le capacità di visualizzazione. La stessa procedura veniva ripetuta per le tre rimanenti sedute, utilizzando una nuova lista per ciascuna seduta.

I risultati di questo studio hanno mostrato che un intervento comportamentale di questo tipo sulle strategie che i pazienti con SM utilizzano per apprendere nuove informazioni migliora la capacità oggettiva e il soggetto ha la percezione di tale miglioramento.

Questi dati indicano che pazienti con SM che presentano compromissioni mnesiche possono beneficiare di un trattamento basato su tecniche di memorizzazione che utilizzano storie (Story Memory Technique); tale tecnica insegna al soggetto a utilizzare il contesto e la visualizzazione (*context* e *imagery*) per favorire la memorizzazione di nuove informazioni. Inoltre, lo studio ha evidenziato la particolare efficacia di questa tecnica in pazienti che mostravano compromissioni di memoria da moderate a gravi. Il dato spiegherebbe la non efficacia nel caso di pazienti con compromissioni di memoria di lieve entità (Allen D.N. et al., 1998). Il fatto che i risultati migliori si ottengano in casi di deficit moderati e gravi non significa tuttavia, secondo gli autori, che pazienti con deficit lievi non possano beneficiare di tale trattamento. È possibile, infatti, che una rieducazione della memoria, che adotta le strategie sopra menzionate, riduca la possibilità che si sviluppino deficit di apprendimento più gravi. Per approfondire ed eventualmente confermare tale ipotesi, tuttavia, saranno in futuro necessari studi longitudinali su popolazioni più ampie di pazienti con compromissioni lievi della memoria. Inoltre, da quanto emerso da questa ricerca, l'uso di queste strategie riabilitative, associato a specifici trattamenti farmacologici (donepezil), sembra in grado di migliorare ulteriormente e in modo significativo le capacità di memoria di questi pazienti.

I dati significativi emersi da questo e da altri studi confermano che la riabilitazione cognitiva in pazienti con SM rappresenta una opportunità terapeutica importante nel trattamento di questa malattia; si avverte l'esigenza di investire risorse per studi longitudinali, effettuati su popolazioni di pazienti più ampie, che potranno apportare nuove e preziose informazioni nel campo della riabilitazione cognitiva della SM.

Un esame a parte meritano gli studi sull'efficacia della riabilitazione cognitiva mediante programmi computerizzati. Alcuni di essi hanno dimostrato che questo tipo d'approccio è in grado di ottenere effetti positivi. In particolare, uno studio condotto da Jonsson et al. (1993) ha dimostrato che c'è una serie di effetti positivi a breve e a lungo termine dopo che i pazienti sono stati sottoposti a trattamento rieducativo cognitivo della memoria e dell'attenzione per circa 7 settimane. Mendozzi et al. (1998), nel loro studio pilota controllato randomizzato, hanno valutato l'efficacia della riabilitazione diretta della memoria e la sua specificità attraverso un confronto con l'effetto prodotto da un programma privo di stimolazione della memoria. Sono stati reclutati 60 pazienti con SM in fase stabile, suddivisi in tre gruppi di pari numerosità, paragonabili per disabilità in base all'EDSS e durata di malattia.

I pazienti sono stati valutati con una batteria di 11 test di memoria e di attenzione; il livello cognitivo era paragonabile in tutti e tre i gruppi. Il primo gruppo è stato sottoposto a un training della memoria assistito al computer, consistente in due sedute settimanali, di 45 minuti ciascuna, per un periodo di 8 settimane. Al secondo gruppo è stato offerto un analogo training mirato a migliorare l'attenzione. Il terzo gruppo è stato sottoposto solo alle valutazioni neuropsicologiche di ingresso e termine dello studio. All'ingresso, tutti i pazienti hanno mostrato deficit significativi alla batteria di valutazione. Le sedute di trattamento specifico consistevano in un compito di memoria e in uno attentivo. Naturalmente le abilità che venivano coinvolte nei due training erano diverse. In quello specifico: attenzione sostenuta, selettiva, di scanning visuo-spaziale, di memoria a breve termine per figure astratte e concrete. Venivano inoltre coinvolte in modo implicito capacità strategiche (*strategic skills*) ogniqualvolta il materiale da memorizzare eccedeva le capacità di *span* del soggetto. Nelle sedute di trattamento aspecifico erano coinvolte capacità di *tracking* visuomotorio, vigilanza e attenzione selettiva, nessuna abilità strategica.

Dopo il trattamento, il gruppo sottoposto a training specifico ha mostrato miglioramenti significativi in 7 degli 11 test; il gruppo assegnato al training aspecifico ha migliorato in un solo test, mentre il gruppo non trattato è rimasto sostanzialmente stabile, anche se alcuni soggetti hanno mostrato un decremento delle prestazioni cognitive. Il training dell'attenzione non ha prodotto variazioni significative della velocità di risposta.

Riassumendo i risultati dello studio:
- I pazienti che avevano ricevuto un training cognitivo, paragonati ai pazienti non trattati, mostravano miglioramenti ai test di memoria.
- Il training specifico per la memoria si mostrava molto più efficace (un numero più grande di test mostrava significativi miglioramenti) del training aspecifico per l'attenzione.
- Alcuni dei pazienti non trattati mostravano una tendenza al deterioramento cognitivo.

Questo studio è stato il primo a utilizzare un gruppo di controllo non trattato. In questo studio non è stata valutata la durata degli effetti della riabilitazione oltre il tempo del retest (6 settimane). È stato riportato che nei pazienti con forma cronico-progressiva, anche in caso di compromissione cognitiva iniziale lieve, ci possa essere un deterioramento piuttosto rapido (Kujala P. et al., 1996b). Inoltre la memoria esplicita è una delle funzioni cognitive più facili al deterioramento, e le misure di *span* di memoria si sono mostrate sensibili al declino cognitivo in uno studio longitudinale su pazienti inizialmente lievemente deteriorati (Kujala P. et al., 1996b). Si è tentati, perciò, di affermare che, per mantenere l'efficacia, ogni forma di training computerizzato dovrebbe necessitare di un periodo di rinforzo. I ricercatori suggeriscono, inoltre, che ogni forma (lieve o grave) di SM, nella quale si evidenziano segnali di deterioramento cognitivo, dovrebbe essere sottoposta a un training. Il training assistito al computer ha costi contenuti; un numero ampio di pazienti può essere inserito in un programma di trattamento di questo tipo; esso, come altri interventi terapeutici, può essere pianificato; sebbene ulteriori ricerche siano necessarie per approfondire questo aspetto, i suoi obiettivi potrebbero, inoltre, essere concepiti come preventivi.

Uno studio condotto da Plohmann et al. (1996), molto simile come metodologia utilizzata e come risultati a quello di Mendozzi et al. (1998), ha valutato l'efficacia e la specificità di un programma computerizzato assistito (AIXTENT) nel trattamento dei deficit attentivi, in un gruppo non randomizzato di 22 pazienti con SM. Nello studio sono stati trattati in progressione deficit delle quattro principali componenti attentive: vigilanza, allerta, attenzione selettiva e divisa. Dopo un trattamento di 6 settimane si sono evidenziati significativi miglioramenti nelle abilità attentive trattate: riduzione nei tempi di reazione, maggiore capacità di concentrazione, migliore capacità di selezionare gli stimoli rispetto a stimoli distraenti. I risultati inoltre confermano che differenti aspetti attentivi debbano essere trattati separatamente. Il trattamento non-specifico (allerta) ha comportato miglioramenti limitatamente ai tempi di reazione. Inoltre, questi miglioramenti hanno apportato cambiamenti positivi nella vita dei pazienti che sono risultati meno distratti, più resistenti alla fatica cognitiva e in grado di svolgere più compiti.

È stato di recente pubblicato da Solari et al. (2004) il primo studio randomizzato, controllato, in doppio cieco finalizzato a valutare l'efficacia di un *retraining* computerizzato della memoria e dell'attenzione in pazienti con SM con compromissioni da lievi a moderate in queste abilità. Sono stati reclutati 82 pazienti con SM definita secondo i criteri diagnostici di Poser (42 erano oggetto dell'intervento riabilitativo; 40 costituivano la popolazione di controllo). Condizioni per il reclutamento consistevano in punteggi sotto l'80° percentile in almeno due subtest della Brief Repeatable Battery of Neuropsychological Test (BRBNT) e Mini Mental State Examination non inferiore a 24. I soggetti sono stati trattati individualmente per 8 settimane con una frequenza di due sessioni di 45 minuti a settimana. Per ridurre al minimo la possibilità di *retraining* della memoria e dell'attenzione nei pazienti randomizzati come controlli, questi soggetti venivano sottoposti a una versione semplificata di un esercizio di natura visuospaziale appartenente allo stesso programma di riabilitazione (Rehacom, *retraining* per la memoria e l'attenzione). Uno psicologo esperto avviava il programma e assisteva individualmente i pazienti trattati e i pazienti controllo durante le sedute riabilitative.

I risultati di questo studio non hanno evidenziato significative differenze tra il gruppo trattato e il gruppo dei controlli. Si è invece verificato un miglioramento aspecifico che ha interessato, in modo pressoché identico, il 45% circa dei pazienti di entrambi i gruppi, probabilmente dovuto a effetti di apprendimento test-retest e a effetti di stimolazione aspecifica ottenuti anche dal compito fittizio di controllo. In conclusione i dati emersi da questo recente studio suggeriscono che non vi è differenza tra il training specifico di memoria e attenzione e quello aspecifico.

Nonostante il risultato negativo di questo studio, rimangono i risultati positivi degli altri e si conferma, comunque, la necessità di ulteriori e più approfondite ricerche per una migliore comprensione delle variabili, relative sia ai pazienti che alla metodologia, che possono influenzare l'esito del trattamento riabilitativo.

Capitolo 6
Presentazione di casi

Premessa

Abbiamo già visto quali siano i disturbi cognitivi più frequenti nella SM, quali gli approcci riabilitativi utilizzati, le questioni ancora aperte sull'argomento e gli obiettivi a breve e a più a lungo termine al riguardo, che permetterebbero di compiere passi in avanti nella comprensione e nella gestione delle persone con SM che presentano difficoltà cognitive.

Per avere una visione più completa e chiara del presente capitolo e della rieducazione effettuata nei casi qui di seguito presentati, vengono brevemente riassunti e commentati, alla luce delle tecniche riabilitative più note ed utilizzate nel campo della rieducazione cognitiva, i deficit cognitivi presenti nei pazienti con SM.

Come già precedentemente discusso, il rallentamento nella capacità di elaborazione delle informazioni che caratterizza il pattern cognitivo dei pazienti con SM, determina notevoli implicazioni per le capacità di memoria, specie per quanto riguarda la *working-memory*. Diversi studi suggeriscono che i pazienti migliorano la prestazione quando viene fornito loro maggior tempo per l'elaborazione degli stimoli, consentendo una migliore organizzazione degli stessi. Nella riabilitazione della *working-memory* sarà pertanto utile fornire al paziente maggior tempo al fine di migliorare la codifica delle informazioni. Sono, inoltre, utilizzate metodiche volte a favorire l'attivazione di capacità di autocontrollo e di autocritica (esercizi di metamemoria) da parte del paziente, non solo durante lo svolgimento delle diverse attività, ma anche subito dopo il loro compimento; attraverso tali esercizi il paziente deve acquisire ed imparare a utilizzare le strategie più economiche ed efficaci per una corretta classificazione e organizzazione gerarchica e/o temporale delle varie informazioni.

Per quanto riguarda la memoria episodica, i risultati di alcune ricerche suggeriscono che, in generale, i trattamenti riabilitativi devono essere centrati più sul miglioramento della codifica delle informazioni, piuttosto che su metodi volti a facilitarne la rievocazione. Esistono diversi metodi riabilitativi a seconda del tipo di memoria coinvolto (memoria di prosa, autobiografica, prospettica, ecc.). Una tecnica utilizzata per la memorizzazione delle informazioni verbali (ad esempio di un brano di prosa) è il così detto "PQRST" (Preview, Question, Reread, State, Test) secondo il quale il paziente viene addestrato a: 1- analizzare le informazioni contenute in un brano che ha appena letto; 2- porsi delle domande sul suo contenuto; 3- ordinare le informazioni in una sequenza logico-temporale o logico-sequenziale, identificando le parole chiave che lo aiutano a rievocare le informazioni; 4- rileggere il brano e verificare quante informazioni ha ritenuto. Altri metodi utili alla memorizzazione delle informazioni verbali sono: il metodo della categorizzazione nel quale le informazioni da apprendere vengono ordinate in categorie (fonologiche o semantiche). Nei casi di disturbi di memoria prospettica si rivela efficace l'addestramento all'uso di ausili attivi, quali ad esempio: agende, timer, liste, agende elettroniche. Per i deficit di memoria visuo-spaziale potranno essere applicati metodi che prevedono la verbalizzazione dei punti di repere (nomi delle vie, dei negozi; ecc.); oppure potranno essere utilizzate cartine o mappe dei luoghi.

Studi recenti hanno verificato la validità della riabilitazione della memoria attraverso l'uso di tecniche di *visual imagery* e contestualizzazione. La prima tecnica prevede che il paziente memorizzi un racconto creando delle rappresentazioni mentali di quanto letto. La seconda strategia prevede che il paziente apprenda una lista di parole inserendole in un racconto che egli stesso inventa (contesto). Entrambi i metodi si sono mostrati efficaci per quanto riguarda la performance oggettiva: i test di autovalutazione evidenziano che i pazienti sono consapevoli del miglioramento.

Poiché nei pazienti con SM la memoria implicita appare, in genere, conservata, sarà utile avvalersi di essa nella riabilitazione. I metodi riabilitativi già esistenti che si basano sull'uso di questo tipo di memoria sono diversi. Alcuni di essi hanno per obiettivo quello di condizionare il paziente, favorendo un apprendimento implicito di quelle procedure indispensabili per recuperare spazi di autonomia personale (apprendimento procedurale). L'apprendimento procedurale si rivela assai efficace in alcune attività della vita quotidiana, quali ad esempio l'apprendimento di un nuovo lavoro manuale o di una sequenza operativa, purché si tratti di compiti semplici e sostanzialmente ripetitivi. A tale risultato il paziente riesce a pervenire trasformando alcune comuni attività in sequenze procedurali fisse che vengono apprese implicitamente mediante la ripetizione, su imitazione del "modello" fornito dal riabilitatore, delle azioni previste per un numero adeguato di volte. Per favorire l'acquisizione di informazioni è anche possibile utilizzare il metodo dei cosiddetti suggerimenti decrescenti (*vanishing cues*); dopo aver presentato delle informazioni da apprendere (ad esempio un indirizzo), si riducono progressivamente i "suggerimenti" sino a quando il paziente è in grado di recuperare l'informazione completa. L'elemento che comunque appare decisivo è che i deficit nelle prestazioni, spesso, non sono riconducibili a un deterioramento nell'accuratezza di esecuzione dei compiti e si mostrano reversibili quando viene fornito maggior tempo per la codifica dell'informazione da apprendere. Il dato appare di fondamentale importanza per l'impostazione di un qualsiasi piano riabilitativo.

Il caso di A

Paziente di 38 anni; nel 2003, in seguito a episodi caratterizzati da deficit dell'equilibrio, ha iniziato l'iter che ha portato alla diagnosi di SM. A è consapevole delle proprie difficoltà, ben orientata nello spazio e nel tempo, molto motivata ad affrontare un ciclo di terapia cognitiva.

Viene effettuata una serie di test per valutare lo stato cognitivo della paziente. Da quanto emerge dalle prove somministrate, si evidenziano difficoltà di attenzione selettiva e di memoria visiva a breve termine. Nella norma, invece, le prove di rievocazione visiva a lungo termine. La prova attentiva evidenzia, in particolar modo, una certa lentezza di esecuzione. Nel test di valutazione delle funzioni esecutive la paziente, pur completando la prova, dà alcune risposte perseverative.

A viene inserita in un ciclo di terapia cognitiva della durata di due mesi, per tre volte alla settimana. Ciascuna seduta dura un'ora.

Al primo incontro, vengono poste alcune domande relative ai suoi interessi, alla sua attività lavorativa e allo svolgimento delle attività quotidiane per raccogliere informazioni da utilizzare per la terapia cognitiva e per capire quale sia la percezione che A ha delle proprie difficoltà.

In merito a ciò il grado di consapevolezza della paziente è indubbiamente più che adeguato. Riferisce, infatti, di essere preoccupata circa il possibile peggioramento nel tempo della malattia. Inoltre, A ama molto leggere e le difficoltà visive che talvolta si presentano la limitano in questa attività.

Dopo aver riscontrato che non ricorda il contenuto di un breve brano appena letto, la paziente viene invitata a compiere un'analisi delle strategie utilizzate nella lettura; A nota, giustamente, di aver letto il brano troppo in fretta. Viene invitata, pertanto, a rileggerlo più lentamente e con più attenzione. Si verifica che, adottando queste strategie, A ripete correttamente la storia.

In un compito di cancellazione di tre lettere in sequenza (A,B,C) A compie 5 errori; commentando questo risultato, anche qui notiamo che la causa è l'eccessiva velocità di esecuzione con cui A ha affrontato il compito.

Sulla base di quanto emerso dalla valutazione neuropsicologica e di quanto osservato, viene impostato un programma riabilitativo basato su: esercizi di attenzione a complessità crescente di barrage di lettere e di lettura di brani; esercizi per migliorare le capacità di memoria visiva (tipo gioco del memory); esercizi volti a ricercare strategie di risoluzione di problemi, sia attraverso l'uso di programmi computerizzati sia attraverso calcoli aritmetici.

Prima di eseguire questi esercizi concordiamo che è di fondamentale importanza non avere fretta e ricontrollare sempre ciascun esercizio per verificare la presenza di eventuali errori.

Dopo circa due mesi di trattamento, la valutazione neuropsicologica mostra una migliore capacità attentiva; A mantiene costante e prolungato il tono attentivo sugli stimoli proposti, non commettendo errori. Anche la memoria visiva appare migliorata. Nella valutazione delle funzioni esecutive non sono più presenti risposte perseverative.

Inoltre, dato non meno importante, si riscontra un miglioramento che potremmo definire "aspecifico", esteso anche ad altre tra le funzioni cognitive indagate; in particolare, nella prova di memoria visiva a lungo termine, il punteggio migliora significativamente rispetto alla precedente valutazione; nella *recognition* del test di memoria di parole per categorie semantiche la paziente non commette alcun errore.

Il caso di AG

AG, insegnante in pensione di 58 anni, appare consapevole, ben orientata spazio-temporalmente. Riferisce faticabilità e una certa difficoltà nel concentrarsi per un tempo prolungato. Le prove neuropsicologiche evidenziano, oltre a un generale rallentamento cognitivo, difficoltà di attenzione sostenuta e di *working-memory*.

Durante la prima seduta, la paziente riferisce una certa difficoltà nell'organizzare le attività domestiche; dice di perdere spesso il filo di quanto sta facendo, di iniziare un compito e di non riuscire a portarlo a termine come vorrebbe.

La paziente viene inserita in un programma riabilitativo della durata di due mesi per tre volte alla settimana con sedute della durata di 45'.

Rispetto alla precedente paziente, AG presenta difficoltà attentive più sfumate. Le vengono proposti esercizi di barrage di più lettere e/o più numeri simultaneamente, di ricerca di stimoli su uno schermo, su modalità di presentazione sia uditiva sia visiva. La paziente viene, inoltre, coinvolta in esercizi più funzionali volti a stimolare le capacità di concentrazione e di *working-memory*.

A questo scopo vengono presentati compiti di risoluzione di semplici problemi aritmetici, di calcoli matematici a complessità diversa e crescente. Viene poi coinvolta in esercizi di risoluzione di giochi enigmistici e con le carte; queste attività, oltre a essere utili rispetto alle difficoltà cognitive, rispondono anche a criteri di tipo ecologico. Inizialmente, la paziente è estremamente lenta nello svolgimento di questi esercizi e spesso lamenta di perdere il filo di quanto sta facendo.

Notiamo che, con il passare delle settimane, riesce a controllare e a indirizzare meglio l'attività mentale rispetto a un determinato compito. Da un punto di vista più funzionale, riferisce che a casa è in grado di concentrarsi più a lungo e meglio sulle attività da svolgere (come attendere alle diverse faccende domestiche, seguire la signora delle pulizie che l'aiuta in casa, fare le parole crociate).

Inoltre, il tono dell'umore - la signora soffre di depressione - risulta complessivamente migliore; la paziente riferisce, infatti, di avere più entusiasmo nell'affrontere la quotidianità, di sentirsi più tranquilla nella gestione della routine quotidiana e dei rapporti con i familiari più prossimi, come il marito e il figlio.

Al termine del ciclo di trattamento la valutazione neuropsicologica evidenzia un punteggio ai test di attenzione e di *working-memory* nella norma. Inoltre, è presente un significativo miglioramento aspecifico anche nella prestazione al test di rievocazione a breve termine delle parole correlate semanticamente.

Il caso di V

V, 34 anni, casalinga, si mostra orientata nello spazio e nel tempo, collaborante e sufficientemente consapevole delle proprie difficoltà.

L'indagine neuropsicologica ha evidenziato la presenza di difficoltà attentive, di rallentamento nella velocità di elaborazione delle informazioni, deficit di *working-memory* e di memoria visiva a lungo termine. Nella prova che valuta le capacità di *problem-solving* la paziente ottiene un punteggio basso.

Al colloquio V riferisce, inoltre, di essere estremamente affaticabile e di essere troppo lenta nello svolgimento delle attività della vita quotidiana, non solo a causa di difficoltà fisiche, ma anche per cause che lei definisce "mentali". Il *menage* quotidiano (due bambine piccole da accudire e crescere) la pone costantemente di fronte alle sue difficoltà e ai suoi limiti. Lamenta che spesso non ricorda quello che deve acquistare al supermercato. Inoltre, la più grande delle due bambine ha da poco iniziato la prima elementare e V vorrebbe essere in grado di seguirla nei compiti a casa.

Sono stati, inizialmente, presentati esercizi attentivi basati su testi scritti; la paziente doveva porre attenzione alla lettura di un brano, ripeterlo e rispondere ad alcune domande su di esso (chi erano i personaggi principali, la morale del racconto, ecc.). Oltre agli esercizi per allenare le capacità attentive, sono state proposte alcune attività per individuare le strategie più utili alla memorizzazione di informazioni. A tale scopo, ad esempio, la paziente è stata invitata, attraverso un lavoro di introspezione, a individuare quale fosse la strategia migliore per memorizzare la lista della spesa e di autovalutarne l'efficacia. Tra le varie possibilità V ha verificato l'utilità di suddividere le informazioni da apprendere per categorie semantiche. È stata, inoltre, invitata a compiere questo esercizio prendendosi tutto il tempo che le sembrava necessario all'apprendimento. V ha potuto riscontrare che attraverso questo metodo miglioravano significativamente le sue capacità di ritenere in memoria diversi stimoli. L'uso di questa strategia le ha permesso di ritenere a mente anche fino a 20 item. Non è stata, inoltre, esclusa la possibilità di utilizzare foglietti con appunti (specie nel caso in cui le informazioni da ritenere fossero tante) per aiutarsi a ricordare quanto necessario.

Sono stati, inoltre, proposti esercizi di *problem-solving* attraverso l'uso di programmi computerizzati e di semplici calcoli aritmetici. Sempre per allenare le abilità logico-deduttive sono stati presentati esercizi basati sulla capacità di dare giudizi e di astrazione concettuale; a tal scopo la paziente è stata invitata a commentare modi di dire, proverbi, motti di spirito e a ricercare i sinonimi e i contrari di alcune parole.

A distanza di due mesi di trattamento, effettuato tutti i giorni, per circa 45', l'indagine neuropsicologica ha evidenziato un deciso miglioramento nelle capacità di attenzione selettiva e di *working-memory*. Le capacità di memoria visiva a lungo termine, al contrario, sono rimaste sostanzialmente invariate. Si è, inoltre, registrato un miglioramento nelle prove che valutano le funzioni esecutive.

Su un piano più funzionale la paziente, inoltre, riferisce di riuscire meglio nelle abilità quotidiane, di essere in grado di prestare maggiore attenzione a ciò che fa e di dimenticare con minore facilità le informazioni durante lo svolgimento di un compito. Fatto non meno importante, il tono dell'umore è migliorato e con esso la percezione della capacità di poter assolvere in maniera efficace ai compiti quotidiani, come occuparsi delle faccende di casa e badare alle due figlie.

Il caso di L

L, insegnante di scuola elementare di 52 anni, si mostra collaborante ed estremamente motivata nei confronti della terapia. Racconta di conoscere le implicazioni cognitive che possono insorgere con la SM e di essersi documentata circa le possibili cure a riguardo. Inoltre, a tal proposito, per aver avuto esperienze di lavoro con bambini con difficoltà di apprendimento e/o ritardo mentale, riferisce di conoscere il funzionamento cognitivo e i processi in esso coinvolti.

È consapevole che la riabilitazione può essere un valido strumento per affiancare le cure farmacologiche somministrate ai pazienti e che può rallentare e prevenire le eventuali modificazioni cognitive che possono comparire nel corso del tempo.

L'indagine neuropsicologica mostra la presenza di rallentamento cognitivo e di difficoltà di *working-memory*. Nelle prove di valutazione delle funzioni esecutive raggiunge il criterio previsto per il completamento della prova, ma si evidenziano diversi errori perseverativi. È presente, inoltre, una certa labilità attentiva.

Commentando assieme i risultati dei test, la signora non pare meravigliarsi, ma anzi, riferisce che quanto emerso è in linea con le difficoltà da lei sperimentate nella vita quotidiana. Afferma di avere molta voglia di lavorare per migliorare.

Le vengono illustrati gli esercizi che verranno effettuati nei due mesi di terapia, spiegandole gli obiettivi per ciascuno di essi.

L mostra sin da subito la massima motivazione. Nelle prime sedute vengono proposti esercizi computerizzati, suddivisi per livelli di difficoltà, di risoluzione di problemi semplici; l'obiettivo è trovare strategie per la risoluzione di problemi e, fatto ancor più importante nel caso della signora, di modificarle nel corso dell'esercizio.

Durante l'esecuzione del compito L tende a fare bene le prime mosse ma a fornire, dopo alcuni minuti, risposte impulsive e, pertanto, non efficaci alla risoluzione dell'esercizio. Facendole notare questo comportamento commentiamo insieme che, per completare con successo il compito, è importante sforzarsi di mantenere sempre lo stesso livello attentivo. Nelle sedute che seguono, L, di tanto in tanto, fa degli errori e si distrae, ma aumenta la sua consapevolezza a riguardo del motivo di questo comportamento; conclude di volersi sforzare ancora di più per mantenere costante la sua attenzione.

Per allenare la memoria di lavoro le vengono proposti esercizi di lettura e apprendimento di brani, di articoli di giornale, di brevi saggi. Nell'affrontare questo tipo di esercizi, L viene invitata a porsi delle domande su quanto ha letto, a individuare i nessi semantici esistenti tra le varie informazioni e a produrre degli schemi, specie nei casi di brani più lunghi e complessi. Vengono inoltre presentati problemi e operazioni aritmetiche da risolvere.

Alla fine del trattamento l'esame neuropsicologico evidenzia un miglioramento nelle prove di *working-memory* e di attenzione sostenuta. Sono, inoltre, significativamente diminuite le risposte perseverative al test per la valutazione delle funzioni esecutive. Permane, invece, un rallentamento cognitivo; tuttavia la performance al test risulta più accurata.

L riferisce che, oltre ad avere più sicurezza nelle proprie capacità, riesce a seguire con più facilità la lettura di un libro o di un articolo di giornale. Svolge meglio e con più precisione le faccende domestiche.

Capitolo 7
Conclusioni

Nel presente volume abbiamo voluto descrivere lo stato delle conoscenze sulla riabilitazione dei disturbi cognitivi che possono presentarsi nei pazienti affetti da SM. Per permettere una migliore comprensione del panorama, in cui tale riabilitazione si dovrebbe inserire, a chi non avesse già delle specifiche conoscenze sulle caratteristiche di questa malattia, abbiamo riassunto gli aspetti principali della SM: l'epidemiologia, le conoscenze sull'etiopatogenesi, gli aspetti clinici e l'approccio alla diagnosi, alcuni elementi della terapia farmacologica. Ovviamente una attenzione particolare è stata dedicata alla descrizione dei disturbi cognitivi, così come ci permettono di fare le conoscenze che si sono accumulate negli ultimi 30 anni circa. È in questo arco temporale, infatti, che, grazie alla sistematica applicazione di specifiche metodiche neuropsicologiche, è stato possibile evidenziare gli aspetti quantitativi e qualitativi della compromissione cognitiva dei pazienti con SM.

Da tali dati emerge chiaramente che i deficit cognitivi possono rappresentare un problema rilevante per una percentuale non indifferente di tali pazienti.

Ne consegue che è opportuno metter in atto tutte le misure per modificare positivamente anche questo aspetto del multiforme ventaglio di compromissioni che riguardano i pazienti con SM.

In tale ambito si inseriscono i programmi di riabilitazione cognitiva: da quanto riportato in questo volume emerge chiaramente come, in questo campo, non vi siano ancora dei chiari percorsi da seguire; siamo ancora all'infanzia, se così si può dire, della vita delle possibilità di intervenire sulle disfunzioni cognitive dei pazienti con SM.

Lo scopo di questo volume non poteva essere, pertanto, quello di descrivere una storia ormai scritta: si sono voluti fornire a coloro che sono interessati a tale tematica, delle conoscenze e degli stimoli per incrementare gli sforzi per migliorare, da un lato, le conoscenze teoriche necessarie alla strutturazione dei programmi di riabilitazione cognitiva e per rendere, dall'altro, più sistematica l'applicazione di tali programmi e costante la valutazione della loro efficacia.

Abbiamo cercato di assolvere questo compito e, in cuor nostro, speriamo di averlo fatto in misura almeno sufficiente: a questo punto non rimane altro che rimetterci al giudizio dei lettori.

Bibliografia

Achiron A, Ziv I, Djaldetti R, Goldberg H et al (1992) Aphasia in multiple sclerosis: clinical and radiologic correlations. Neurology 42:2195-2197

Aita JF, Bennet DR, Anderson RE, Ziter F (1978) Cranial CT appearance of acute multiple sclerosis. Neurology 28:251-255

Allen DN, Goldstein G, Heyman RA, Rondinelli T (1998) Teaching memory strategies to persons with multiple sclerosis. J Rehabil Res Dev 35:405-410

Amato MP, Ponziani G, Siracusa G, Sorbi S (2001) Cognitive dysfunction in early-onset multiple sclerosis: a reappraisal after 10 years. Arch Neurol 58:1602-1606

Amato MP, Zipoli V, Portaccio E (2006) Multiple sclerosis-related cognitive changes: a review of cross-sectional and longitudinal studies. J Neurol Sci 25: 41-46

American Psychiatric Association (2000) Diagnostic and statistical manual of mental disorders - DSM IV TR. American Psychiatric Publishing, Inc., Arlington, VA

Arnett PA, Rao SM, Bernardin L et al (1994) Relationship between frontal lobe lesions and Wisconsin Card Sorting Test performance in patients with multiple sclerosis. Neurology 44:420-425

Arnett PA, Rao SM, Hussain M et al (1996) Conduction aphasia in multiple sclerosis: a case report with MRI findings. Neurology 47:576-578

Arnett PA, Higginson CI, Voss WD et al (1999) Depression in multiple sclerosis: relationship to working memory capacity. Neuropsychology 13:546-556

Aupperle RL, Beatty WW, Shelton F deNap, Gontovsky ST (2002) Three screening batteries to detect cognitive impairment in multiple sclerosis. Mult Scler 8:382-389

Awad AG (1983) Schizophrenia and multiple sclerosis. J Nerv Ment Dis 171:323-324

Baddeley AD, Hitch GJ (1974) Working memory. In: Bower AG (ed) The psychology of learning and motivation: advances in research and theory. Academic Press, New York, 1974, pp.47-90

Baddeley AD (1990) Human memory: theory and practice. Lawrence Earlbaum Ass., London

Barkhof F, Filippi M, Miller DH et al (1997) Comparison of MR imaging criteria at first presentation to predict conversion to clinically definite multiple sclerosis. Brain 120:2059-2069

Bashir K, Whitaker JN (2002) Handbook of multiple sclerosis. Lippincott Williams & Wilkins, Philadelphia

Beatty PA, Gange JJ (1977) Neuropsychological aspects of multiple sclerosis. J Nerv Ment Dis 164:42-50

Beatty WW, Goodkin DE, Monson N, Beatty PA (1989) Cognitive disturbances in patients with relapsing remitting multiple sclerosis. Arch Neurol 46:1113-1119

Beatty WW, Goodkin DE (1990a) Screening for cognitive impairment in multiple sclerosis. An evaluation of the mini-mental state examination. Arch Neurol 47:297-301

Beatty WW, Goodkin DE, Hertsgaard D, Monson N (1990b) Clinical and demographic predictors of cognitive performance in multiple sclerosis. Do diagnostic type, disease duration and disability matter? Arch Neurol 47:305-308

Beatty WW, Monson N (1991) Metamemory in multiple sclerosis. J Clin Exp Neuropsychol 16:640-646

Beatty WW, Paul RH, Wilbanks SL et al (1995) Identifying multiple sclerosis with mild or global cognitive impairment using the Screening Examination for Cognitive Impairment (SEFCI). Neurology 45:718-723

Beatty WW, Wilbanks SL, Blanco CR et al (1996) Memory disturbance in multiple sclerosis: reconsideration of patterns of performance on the selective reminding test. J Clin Exper Neuropsychol 18:56-62

Benedict RH, Priore RL, Miller C et al (2001) Personality disorder in multiple sclerosis correlates with cognitive impairment. J Neuropsychiatry Clin Neurosci, 13:70-76

Benedict RH, Bakshi R, Simon JH et al (2002a) Frontal cortex atrophy predicts cognitive impairment in multiple sclerosis. J Neuropsychiatry Clin Neurosci 14: 44-51

Benedict RH, Fischer JS, Archibald CJ et al (2002b) Minimal neuropsychological assessment of MS patients: a consensus approach. Clin Neuropsychol 16:381-397

Benedict RH, Weinstock-Guttman B, Fishman I et al (2004) Prediction of neuropsychological impairment in multiple sclerosis. Comparison of conventional magnetic resonance imaging measures of atrophy and lesion burden. Arch Neurol 61:226-230

Benedict RH, Zivadinov R, Carone DA et al (2005) Regional lobar atrophy predicts memory impairment in multiple sclerosis. AJNR Am J Neuroradiol 26:1824-1831

Bergamaschi R, Romani A, Versino M et al (1997) Clinical aspects of fatigue in multiple sclerosis. Funct Neurol 12:247-251

Birnboim S, Miller A (2004) Cognitive strategies application of multiple sclerosis patients. Mult Scler 10:67-73

Blinkerberg M, Rune K, Jensen CV et al (2000) Cortical cerebral metabolism correlates with MRI lesion load and cognitive dysfunction in MS. Neurology 54:558-564

Bobholz JA, Rao SM (2003) Cognitive dysfunction in multiple sclerosis: a review of recent developments. Curr Opin Neurol 16:283-288

Bowcher H, May M (1998) Occupational therapy for the management of fatigue in multiple sclerosis. Br J Occup Ther 61: 488-492

Canal N, Ghezzi A, Zaffaroni M, Zibetti A (eds) (2001) Sclerosi Multipla. Attualità e prospettive. Masson, Milano

Carlesimo GA, Caltagirone C, Gainotti G and the Group for the Standardization of the Mental Deterioration Battery (1996) The Mental Deterioration Battery: normative data, diagnostic reliability and qualitative analyses of cognitive impairment. Eur Neurol 36:378-384

Carter P, White CM (2003) The effect of general exercise training on effort of walking in patients with multiple sclerosis. 14th International World Confederation for Physical Therapy, Barcelona

Charcot JM (1877) Lectures on the diseases of the nervous system Vol 1 New Sydenham Society, London

Chiaravalloti ND, De Luca J (2002) Self-generation as a means of maximizing learning in multiple sclerosis: an application of the generation effect. Arch Phys Med Rehabil 83:1070-79

Chiaravalloti ND, Demaree H, Gaudino EA, De Luca J (2003) Can the repetition effect maximize learning in multiple sclerosis? Clin Rehabil 17:58-68

Chiaravalloti ND, Hillary F, Ricker J et al (2005a) Cerebral activation patterns during working memory performance in multiple sclerosis using FMRI. J Clin Exp Neuropsychol 27:33-54

Chiaravalloti ND, De Luca J, Moore NB, Ricker JH (2005b) Treating learning impairment improves memory performance in multiple sclerosis: a randomized clinical trial. Mult Scler 11:1-12

Christensen T (2006) The role of EBV in MS pathogenesis. Int MS J 13:52-57

Clanet MG, Brassat D (2000) The management of multiple sclerosis. Curr Op Neurol 13:263-270

Comi G, Filippi M, Martinelli V et al (1993) Brain magnetic resonance imaging correlates of cognitive impairment in multiple sclerosis. J Neurol Sci 115 Suppl:S66-S73

Cook SD (ed) (2001) Handbook of multiple sclerosis. Marcel Dekker Inc., New York

Cottrell SS, Wilson SA (1926) The affective symptomatology of disseminated sclerosis. J Neurol Psychopath 7:1

Craig J, Young CA, Ennis M et al (2003) A randomised controlled trial comparing rehabilitation against standard therapy in multiple sclerosis patients receiving intravenous steroid treatment. J Neurol Neurosurg Psychiatry 74: 1225-1230

DeBolt LS, McCubbin JA (2004) The effect of home-based resistance exercise on balance, power and mobility in adults with multiple sclerosis. Arch Phys Med Rehab 85: 290-297

Deloire MS, Salort E, Bonnet M et al (2005) Cognitive impairment as marker of diffuse brain abnormalities in early relapsing-remitting multiple sclerosis. J Neurol Neurosurg Psychiatry 76:519-526

De Luca J, Barbieri-Berger S, Johnson SK (1994) The nature of memory impairments in multiple sclerosis: acquisition versus retrievial. J Clin Exp Neuropsychol 16:183-189

De Luca J, Gaudino EA, Diamond BJ et al (1998) Acquisition and storage deficits in multiple sclerosis. J Clin Exp Neuropsychol 20:376-390

De Luca J, Chelune GJ, Tulsky DS et al (2004) Is speed of processing or working memory the primary information processing deficit in multiple sclerosis? J Clin Exp Neuropsychol 26:550-562

Demaree HA, De Luca J, Gaudino EA, Diamond BJ (1999) Speed of information processing as a key deficit in multiple sclerosis: implications for rehabilitation. J Neurol Neurosurg Psychiatry 67:661-663

Denney DR, Lynch SG, Parmenter BA, Horne N (2004) Cognitive impairment in relapsing and primary progressive multiple sclerosis: mostly a matter of speed. J Int Neuropsychol Soc 10:948-956

de Weerd AW (1977) Computerized tomography in patients with multiple sclerosis. Clin Neurol Neurosurg 80:258-263

Diaz-Olavarrieta C, Cummings JL, Velasquez J, Garcia de la Cadena C (1999) Neuropsychiatric manifestation of multiple sclerosis. J Neuropsychiatry Clin Neurosci 11:51-57

Di Fabio RP, Soderberg J, Choi T et al (1998) Extended outpatient rehabilitation: its influence on symptom frequency, fatigue and functional status for persons with progressive multiple sclerosis. Arch Phys Med Rehab 79:141-146

Drake ME (1984) Acute paranoid psychosis in multiple sclerosis. Psychosomatics 25:60-65

Driessen MJ, Dekker J, Lankhorst GJ, Van der Zee J (1997) Occupational therapy for patients with chronic diseases. Disab Rehab 19:198-204

Dujardin K, Donze AC, Hautecoeur P (1998) Attention impairment in recently diagnosed multiple sclerosis. Eur J Neurol 5:61-66

Ebers GC (1998) A historical overview. In: Paty DW, Ebers GC (eds) Multiple sclerosis. FA Davis, Philadelphia, pp 1-4

Ebers GC, Sadovnick AD (1998) Epidemiology. In: Paty DW, Ebers GC (eds) Multiple sclerosis. FA Davis, Philadelphia, pp 5-28

Feinstein A, du Boulay G, Ron MA (1992) Psychotic illness in multiple sclerosis. A clinical and magnetic imaging study. Br J Psychiatry 161: 680-685

Fischer JS, Rudick RA, Cutter GR, Reingold SC (1999) The Multiple Sclerosis Functional Composite Measure (MSFC): an integrated approach to MS clinical outcome assessment. National MS Society Clinical Outcomes Assessment Task Force. Mult Scler 5: 244-250

Fischer JS, Priore RL, Jacobs LD et al (2000) Neuropsychological effects of interferon β-1a in relapsing multiple sclerosis. Ann Neurol 48:885-892

Fischer JS (2001) Cognitive impairment in multiple sclerosis. In: Cook SD (ed) Handbook of multiple sclerosis. Marcel Dekker Inc., New York

Fisk JD, Pontefract A, Ritvo PG et al (1994) The impact of fatigue on patients with multiple sclerosis. Can J Neurol Sci 21:9-14

Foley FW, Dince WM, Bedell JR et al (1994) Psychoremediation of communication skills for cognitively impaired persons with multiple sclerosis. J Neurol Rehab 8:165-176

Folstein MF, Folstein SE, McHugh PR (1975) "Mini mental state": a practical method for grading the cognitive state of patients for the clinician. J Psychiatr Res 12:189-198

Foong J, Rozewicz L, Quaghebeur G et al (1997) Executive function in multiple sclerosis. The role of frontal lobe pathology. Brain 120: 15-26

Foong J, Rosewicz L, Quaghebeur G et al (1998) Neuropsychological deficits in multiple sclerosis after acute relapse. J Neurol Neurosurg Psychiatry 64:529-532

Foong J, Rozewicz L, Chong WK et al (2000) A comparison of neuropsychological deficits in primary and secondary progressive multiple sclerosis. J Neurol 247:97-101

Forn C, Barros-Loscertales A, Escudero J et al (2006) Cortical reorganization during PASAT task in MS patients with preserved working memory functions. Neuroimage 31:686-691

Fotheringham J, Jacobson S (2005) Human herpesvirus 6 and multiple sclerosis: potential mechanisms for virus-induced disease. Herpes 12:4-9

Freeman JA, Langdon DW, Hobart JC, Thompson AJ (1997) The impact of inpatient rehabilitation on progressive multiple sclerosis. Ann Neurol 42(2):236-244

Freeman JA, Langdon DW, Hobart JC, Thompson AJ (1999) Inpatient rehabilitation in multiple sclerosis: do the benefits carry over into the community? Neurology 52: 50-56

Freeman JA, Thompson AJ (2000) Community services in multiple sclerosis: still a matter of chance. J Neurol Neurosurg Psychiatry 69: 728-732

Freeman JA, Thompson AJ (2001) Building an evidence base for multiple sclerosis management: support for physiotherapy. J Neurol Neurosurg Psychiatry 70: 147-148

Fregni F, Pascual-Leone A (2005) Transcranic magnetic stimulation for the treatment of depression in neurologic disorders. Cur Psychiatry Report 7:381-390

Friedman JH, Brem H, Mayeux R (1983) Global aphasia in multiple sclerosis. Ann Neurol 13:222-223

Friend KB, Rabin BM, Groninger L, Deluty RH, Bever C, Grattan L (1999) Language functions in patients with multiple sclerosis. Clin Neuropsychol, 1999, 13: 78-94

Fuller KJ, Dawson K, Wiles CM (1996) Physiotherapy and mobility in multiple sclerosis: a controlled study. Clin Rehab 10:195-204

Gaudino EA, Chiaravalloti ND, De Luca J, Diamond BJ (2001) A comparison of memory performance in relapsing-remitting, primary.progressive and secondary progressive multiple sclerosis. Neuropsychiatry Neuropsychol Behav Neurol 14:32-44

Gehlsen GM, Grigsby SA, Winant DM (1984) Effects of an aquatic fitness program on the muscular strength and endurance of patients with multiple sclerosis. Phys Ther 64:653-657

Gehlsen G, Beekman K, Assmann N et al (1986) Gait characteristics in multiple sclerosis: progressive changes and effects of exercise on parameters. Arch Phys Med Rehab 67:536-539

Goldman Consensus Group (2005) The Goldman consensus statement on depression in multiple sclerosis. Mult Scler 11:328-337

Graf P, Schacter D (1985) Implicit and explicit memory for new associations in normal and amnesic patients. J Exp Psychol Learn Mem Cogn, 11:501-518

Greene YM, Tariot P, Wishart H et al (2000) A 12-week, open trial of donepezil hydrochloride in patients with multiple sclerosis and associated cognitive impairments. J Clin Psychopharmacol 20:350-356

Grigsby J, Ayarbe SD, Kravcisin N, Busenbark D (1994) Working memory impairment among persons with chronic progressive multiple sclerosis. J Neurol 241:125-131

Gronwall DM (1977) Paced auditory serial-addition task: a measure of recovery from concussion. Percept Mot Skills 44:367-373

Grossman M, Robinson KM, Onishi K et al (1995) Sentence comprehension in multiple sclerosis. Acta Neurol Scand 92:324-331

Gyldensted C (1976) Computer tomography of the brain in multiple sclerosis. A radiological study of 110 patients with special reference to demonstration of cerebral plaques. Acta Neurol Scand 53:386-389

Heaton RK, Nelson LM, Thompson DS et al (1985) Neuropsychological findings in relapsing-remitting and chronic-progressive multiple sclerosis. J Consult Clin Psychol 53:103-110

Huijbregts SCJ, Kalkers NF, de Sonneville LMJ et al (2004) Differences in cognitive impairment of relapsing remitting, secondary, and primary progressive MS. Neurology 63:335-339

Hutchinson M, Stack J, Buckley P (1993) Bipolar affective disorder prior to the onset of multiple sclerosis. Acta Neurol Scand 88:388-393

Jambor KL (1969) Cognitive functioning in multiple sclerosis. Brit J Psychiatry 115:765-75

Janculjak D, Mubrin Z, Brinar V, Spilich G (2002) Changes of attention and memory in a group of patients with multiple sclerosis. Clin Neurol Neurosurg 104:221-227

Jennekens-Schinkel A, van der Velde EA, Sanders EA, Lanser JB (1990) Memory and learning in outpatients with quiescent multiple sclerosis. J Neurol Sci 95:311-325

Joffe RT, Lippert GP, Gray TA et al (1987) Mood disorder and multiple sclerosis. Arch Neurol 44:376-378

Joffe RT (2005) Depression and multiple sclerosis: a potential way to understand the biology of major depressive illness. J Psychiatry Neurosci 30:9-10

Johnson SK, Lange G, De Luca J et al (1997) The effects of fatigue on neuropsychological performance in patients with chronic fatigue syndrome, multiple sclerosis and depression. Appl Neuropsychol 4: 145-153

Jones R, Davies-Smith A, Harvey L (1999) The effect of weighted leg raises and quadriceps strength, EMG and functional activities in people with multiple sclerosis. Physiotherapy 85: 154-161

Jonsdottir MK, Magnusson T, Kjartansson O (1998) Pure alexia and word-meaning deafness in a patient with multiple sclerosis. Arch Neurol 55:1473-1474

Jonsson A, Korfitzen EM, Heltberg A et al (1993) Effects of neuropsychological treatment in patients with multiple sclerosis. Acta Neurol Scand 88:394-400

Kellner CH, Davenport Y, Post RM, Ross RJ (1984) Rapidly cycling bipolar disorder and multiple sclerosis. Am J Psychiatry 141:112-113

Kesserling J, Klement U (2001) Cognitive and affective disturbances in multiple sclerosis. J Neurol 248:180-183.

Kraus JA, Schütze C, Brokate B et al (2005) Discriminant analysis of the cognitive performance profile of MS patients differentiates their clinical course. J Neurol 252:808-813

Krupp LB, Alvarez LA, LaRocca NG, Scheinberg LC (1988) Fatigue in multiple sclerosis. Arch Neurol 45:435-437

Krupp LB, Elkins LE, Scheffer S et al (1999) Donepezil for the treatment of memory impairments in multiple sclerosis. Neurology 52 (Suppl. 2):A137

Krupp LB, Elkins LE (2000) Fatigue and declines in cognitive functioning in multiple sclerosis. Neurology 55:934-939

Krupp LB, Christodoulou C, Melville P et al (2004) Donepezil improved memory in multiple sclerosis in a randomized clinical trial. Neurology 63:1579-1585

Kujala P, Portin R, Ruutiainen J (1996a) Language functions in incipient cognitive decline in multiple sclerosis. J Neurol Sci 141:79-86

Kujala P, Portin R, Ruutiainen J (1996b) Memory deficits and early cognitive deterioration in MS. Acta Neurol Scand 93:329-335

Kurtzke JF (1983) Rating neurological impairment in multiple sclerosis: an expanded disability status scale (EDSS). Neurology 33:1444-1452

Kurtzke JF, Beebe GW, Norman JE Jr (1985) Epidemiology of multiple sclerosis in the United States veterans: III. Migration and the risk of MS. Neurology 35:672-678

Kurtzke JF, Hyllested K, Heltberg A (1995) Multiple sclerosis in the Faroe Islands: transmission across four epidemics. Acta Neurol Scand 91:321-325

Kurtzke JF (1997) The epidemiology of multiple sclerosis In: Raine SC, McFarland H, Tourtellotte WW (eds) Multiple sclerosis: clinical and pathogenetic basis. Chapman & Hall, London, pp 91-139

Lazeron RH, Boringa JB, Schouten M et al (2005) Brain atrophy and lesion load as explaining parameters for cognitive impairment in multiple sclerosis. Mult Scler 11:524-31

Lezak M (1995) Neuropsychological assessment. Third edition. Oxford University Press, New York

Litvan I, Grafman J, Vendrell P et al (1988) Multiple memory deficit in patients with multiple sclerosis. Arch Neurol 45:607-610

Lord SE, Wade DT, Halligan PW (1998) A comparison of two physiotherapy treatment approaches to improve walking in multiple sclerosis: a pilot randomized controlled study. Clin Rehab 2:477-486

Lublin FD, Reingold SC (1996) Defining the clinical course of multiple sclerosis: results of an international survey. Neurology 46:907-911

Lyoo K, Seol HY, Byun HS, Renshaw PF (1996) Unsuspected multiple sclerosis in patients with psychiatric disorders: a magnetic resonance imaging study. J Neuropsychiatry Clin Neurosci 8:54-59

Mathiesen HK, Jonsson A, Tscherning T et al (2006) Correlation of global N-acetyl aspartate with cognitive impairment in multiple sclerosis. Arch Neurol 63:533-536

Mathiowetz V, Matuska KM, Murphy ME (2001) Efficacy of an energy conservation course for persons with multiple sclerosis. Arch Phys Med Rehab 82:449-456

Matthews WB (1979) Multiple sclerosis presenting with acute remitting psychiatric symptoms. J Neurol Neurosurg Psychiatry 42:859-863

McDonald WI (1986) The mystery of the origin of multiple sclerosis. J Neurol Neurosurg Psychiatry 49:113-123

McDonald WI, Compston A, Edan G et al (2001) Recommended diagnostic criteria for multiple sclerosis: guidelines from the International Panel on the diagnosis of multiple sclerosis. Ann Neurol 50:121-127

Mendez MF (1999) Multiple sclerosis presenting as catatonia. Int J Psychiatry Med 29:435-441

Mendozzi L, Pugnetti L, Motta A et al (1998) Computer assisted memory retraining of patients with multiple sclerosis. It J Neurol Sci 19:S431-S432

Mohr DC, Boudewyn AC, Goodkin DE et al (2001) Comparative outcomes for individual cognitive-behavior therapy, supportive-expressive group psychotherapy and sertraline for the treatment of depression in multiple sclerosis. J Consult Clin Psychol 69:942-949

Moller A, Wiedemann G, Rohde U et al (1994) Correlates of cognitive impairment and depressive mood disorder in multiple sclerosis. Acta Psychiatr Scand 89:117-121

Mostert S, Kesserling J (2002) Effects of a short-term exercise training program on aerobic fitness, fatigue, health perception and activity level of subjects with multiple sclerosis. Mult Scler 8:161-168

Multhaup KS, Balota DA (1997) Generation effects and source memory in healthy older adults and in adults with dementia of the Alzheimer type. Neuropsychology 9:88-108

Multiple Sclerosis Council for Clinical Practice Guidelines. (1998) Fatigue and multiple sclerosis: evidence-based management strategies for fatigue in multiple sclerosis. Paralyzed Veterans of America, Washington

Nelson HE (1976) A modified card sorting test sensitive to frontal lobe defects. Cortex 12: 313-324

Nocentini U, Rossini PM, Carlesimo GA et al (2001) Patterns of cognitive impairment in secondary progressive stable phase of multiple sclerosis: correlation with MRI findings. Eur Neurol 45:11-18

Nocentini U, Pasqualetti P, Bonavita S et al (2006a) Cognitive dysfunction in patients with relapsing-remitting multiple sclerosis. Mult Scler 12:77-87

Nocentini U, Giordano A, Di Vincenzo S et al (2006b) The Symbol digit modalities test - Oral version: Italian normative data. Funct Neurol 21:93-96

O'Connell R, Murphy RM, Hutchinson M et al (2003) A controlled study to assess the effects of aerobic training on patients with multiple sclerosis. 14th International World Confederation for Psysical Therapy, Barcelona

O'Hara L, Cadbury H, De Souza L, Ide L (2002) Evaluation of the effectiveness of professionally guided self-care for people with multiple sclerosis living in the community: a randomized controlled trial. Clin Rehab 16: 119-128

Oliveri RL, Sibilia G, Valentino P et al (1998) Pulsed methylprednisolone induces a reversible impairment of memory in patients with relapsing-remitting multiple sclerosis. Acta Neurol Scand 97:366-369

Ombredane A (1929) Sur les troubles mentaux de la sclérose en plaques. Thèse de Paris

Patti F, Ciancio MR, Cacopardo M et al (2003) Effects of a short outpatients rehabilitation treatment on disability on multiple sclerosis patients: a randomised controlled trial. J Neurol 250:861-866

Paul RH, Beatty WW, Schneider R et al (1998) Cognitive and physical fatigue in multiple sclerosis: relations between self-report and objective performance. Appl Neuropsychol 5:143-148

Pearson OA, Stewart KD, Aremberg D (1957) Impairment of abstracting ability in multiple sclerosis. J Nerv Ment Dis 125:221-225

Penner IK, Raush M, Kappos L et al (2003) Analysis of impairment related functional architecture in MS patients during performance of different attention tasks. J Neurol 250:461-472

Petajan JH, Gappmaier E, White AT et al (1996) Impact of aerobic training on fitness and quality of life in multiple sclerosis. Ann Neurol 39:432-441

Peterson C (2001) Exercise in 94 degrees F water for a patient with multiple sclerosis. Phys Ther 81:1049-1058

Pierson SH, Griffith N (2006) Treatment of cognitive impairment in multiple sclerosis. Behav Neurol 17:53-67

Pliskin NH, Hamer DP, Goldstein DS et al (1996) Improved delayed visual reproduction test performance in multiple sclerosis patients receiving interferon beta-1b. Neurology 47:1463-1468

Plohmann AM, Kappos L, Ammann W et al (1998) Computer assisted retraining of attentional impairments in patients with multiple sclerosis. J Neurol Neurosurg Psychiatry 455-462

Portaccio E, Amato MP, Bartolozzi ML et al (2006) Neocortical volume decrease in relapsing-remitting multiple sclerosis with mild cognitive impairment. J Neurol Sci 245:195-199

Ragonese P, Salemi G, D'Amelio M et al (2004) Multiple sclerosis in southern Europe: Monreale City, Italy. A twenty-year follow-up incidence and prevalence study. Neuroepidemiology 23:306-309

Randolph C (1998) Repeatable battery for the assessment of neuropsychological status. Psychological Corporation, San Antonio

Rao SM, Hammeke TA, Speech TJ (1987) Wisconsin card sorting test performance in relapsing-remitting and chronic-progressive multiple sclerosis. J Consult Clin Psychol 55:263-265

Rao SM, Leo GJ, St Aubin-Faubert P (1989a) On the nature of memory disturbance in multiple sclerosis. J Clin Exp Neuropsychol 11:699-712

Rao SM, Leo GJ, Haughton VM et al (1989b) Correlation of magnetic resonance imaging with neuropsychological testing in multiple sclerosis. Neurology 39:161-166

Rao SM, St. Aubin-Faubert P, Leo GJ (1989c) Information processing speed in patients with multiple sclerosis. J Clin Experim Neuropsychol 11:471-477

Rao SM (1990) Cognitive Function Study Group. A manual for the brief repeatable battery of neuropsychological tests. National Multiple Sclerosis Society, New York

Rao SM, Leo GJ, Bernardin L, Unverzagt F (1991a) Cognitive dysfunction in multiple sclerosis. I. Frequency, patterns, and prediction. Neurology 41:685-691

Rao SM, Leo GJ, Ellington L et al (1991b) Cognitive dysfunction in multiple sclerosis. II. Impact on employment and social functioning. Neurology 41:692-696

Rao SM (1995) Neuropsychology of multiple sclerosis. Curr Op Neurol 8:216-220

Rietberg MB, Brooks D, Uitdehaag BMJ, Kwakkel G (2004) Exercise therapy for multiple sclerosis. The Cochrane Database of Systematic Reviews, Issue 3

Ron MA, Callanan MM, Warrington EK (1991) Cognitive abnormalities in multiple sclerosis: a psychometric and MRI study. Psychol Med 21:59-68

Rosati G (1994) Descriptive epidemiology of multiple sclerosis in Europe in the 1980s: a critical overview. Ann Neurol 36 (Suppl 2):S164-S174

Rosati G, Aiello I, Pirastru MI et al (1996) Epidemiology of multiple sclerosis in Northwestern Sardinia: further evidence for higher frequency in Sardinians compared to other Italians. Neuroepidemiology 151:10-19

Rosati G (2001) The prevalence of multiple sclerosis in the world: an update. Neurol Sci 22:117-139

Rossiter D, Thompson AJ (1995) Introduction of integrated care pathways for patients with multiple sclerosis in an inpatient neurorehabilitation setting. Disab Rehab 17: 443-448

Rossiter DA, Edmondson A, Al-Shahi R, Thompson AJ (1998) Integrated care pathways in multiple sclerosis rehabilitation: completing the audit cycle. Mult Scler 4:85-89

Rousseaux M, Perennou D (2004) Comfort care in severely disabled multiple sclerosis patients. J Neurol Sci 222:39-48

Rovaris M, Filippi M, Falautano M et al (1998) Relation between MR abnormalities and patterns of cognitive impairment in multiple sclerosis. Neurology 50:1601-1608

Rovaris M, Comi G, Filippi M (2006) MRI markers of destructive pathology in multiple-sclerosis-related cognitive dysfunction. J Neuro Sci 245:111-116

Runge VM, Price AC, Kirshner HS et al (1984) Magnetic resonance imaging of multiple sclerosis: a study of pulse-technique efficacy. AJR Am J Roentgenol 143:1015-1026

Ryan JJ, Prifitera A, Larsen J (1982) Reliability of the WAIS-R with a mixed patient sample. Percept Mot Skills 55:1277-1278

Sadovnick AD, Remick RA, Allen J et al (1996) Depression and multiple sclerosis. Neurology 46:628-632

Salmaggi A, Eoli M, La Mantia L, Erbetta A (1995) Parallel fluctuations of psychiatric and neurological symptoms in a patient with multiple sclerosis and bipolar affective disorder. Ital J Neurol Sci 16:551-553

Sanfilipo MP, Benedict RH, Weinstock-Guttman B, Bakshi R (2006) Gray and white matter brain atrophy and neuropsychological impairment in multiple sclerosis. Neurology 66:685-692

Scarrabelotti M, Carroll M (1999) Memory dissociation and metamemory in multiple sclerosis. Neuropsychologia 37:1335-1350

Schacter DL (1993) Understanding implicit memory: a cognitive neuroscience approach. In: Collins AF, Gatherrcole SE, Conway MA, Morris P (eds) Theories of memory. Hove Lawrence Earlbaum Associates, pp 387-412

Schiffer RB, Wineman NM, Weitkamp LR (1986) Association between bipolar affective disorder and multiple sclerosis. Am J Psychiatry 143:94-95

Schiffer RB, Wineman NM (1990) Antidepressant pharmacotherapy of depression associated with multiple sclerosis. Am J Psychiatry 147:1493-1497

Seinelä A, Hämäläinen P, Koivisto M, Ruutiainen J (2002) Conscious and unconscious uses of memory in multiple sclerosis. J Neurol Sci 198:79-85

Selby M, Ling N, Williams JM (1998) Interferon beta 1b in verbal memory functioning of patients with relapsing-remitting multiple sclerosis. Percept Mot Skills 86:1099-1106

Siegert RJ, Abernethy DA (2005) Depression in multiple sclerosis: a review. J Neurol Neurosurg Psychiatry 76: 469-475

Slamecka NL, Fevreiski J (1983) The generation effect when generation fails. J Verbal Learn Verbal Behav 22:153-63

Smith A (2000) Symbol digit modalities test manual. Webster Psychological Services, Los Angeles

Solari A, Filippini G, Gasco P et al (1999) Physical rehabilitation has a positive effect on disability in multiple sclerosis patients. Neurology 52:57-62

Solari A, Mancuso L, Motta A et al (2002) Comparison of two brief neuropsychological batteries in people with multiple sclerosis. Mult Scler 8:169-176

Solari A, Motta A, Mendozzi L et al (2003) Italian version of the Chicago multiscale depression inventory: translation, adaptation and testing in people with multiple sclerosis. Neurol Sci 24:375-383

Solari A, Motta A, Mendozzi L et al (2004) Computer-aided retraining of memory and attention in people with multiple sclerosis: a randomized, double-blind controlled trial. J Neurol Sci 222:99-104

Souliez L, Pasquier F, Lebert F et al (1996) Generation effect in short term verbal and visuospatial memory: comparisons between dementia of the Alzheimer type and dementia of the frontal lobe type. Cortex 32:347-356

Spreen O, Strauss E (1998) A compendium of neuropsychological tests. Administration, norms and commentary. Oxford University Press, New York

Staffen W, Mair A, Zauner H et al (2002) Cognitive function and fMRI in patients with multiple sclerosis: evidence for compensatory cortical activation during an attention task. Brain 125: 1275-1282

Staffen W, Zauner H, Mair A et al (2005) Magnetic resonance spectroscopy of memory and frontal brain region in early multiple sclerosis. J Neuropsychiatry Clin Neurosci 17:357-363

Steultjens EMJ, Dekker J, Bouter LM et al (2003) Occupational therapy for multiple sclerosis. The Cochrane Database of Systematic Reviews, Issue 3

Stewart JM, Houser OW, Baker HL Jr et al (1987) Magnetic resonance imaging and clinical relationships in multiple sclerosis. Mayo Clin Proc 62:174-184

Surridge D (1969) An investigation into some psychiatric aspects of multiple sclerosis. Brit J Psychiatry 115:749-64

Svensson B, Gerdle B, Elert J (1994) Endurance training in patients with multiple sclerosis; Five case studies. Phys Ther 74:1017-1024

Swirsky-Sacchetti T, Mitchell DR, Seward J et al (1992) Neuropsychological and structural brain lesions in multiple sclerosis: a regional analysis. Neurology 42:1291-1295

Thompson AJ (2001) Symptomatic management and rehabilitation in multiple sclerosis. J Neurol Neurosurg Psychiatry 71(Suppl II):ii22-ii27

Thornton AE, Raz N (1997) Memory impairment in multiple sclerosis: a quantitative review. Neuropsychology 11:357-366

Tintorè M, Rovira A, Martinez M et al (2000) Isolated demyelinating syndromes: comparison of different MR imaging criteria to predict conversion to clinically definite multiple sclerosis. Am J Neuroradiol 21:702-706

Trimble MR, Grant I (1981) Psychiatric aspects of multiple sclerosis. In: Benson DF, Blumer D (eds) Psychiatric aspects of neurologic disease, vol. 2. Grune & Stratton, New York

Vanage SM, Gilbertson KK, Mathiowetz V (2003) Effects of an energy conservation course on fatigue impact for persons with progressive multiple sclerosis. Am J Occup Ther 57:315-323

Vleugels L, Lafosse C, van Nunen A et al (2000) Visuoperceptual impairment in multiple sclerosis patients diagnosed with neuropsychological tasks. Mult Scler 6: 241-254

Vleugels L, Lafosse C, van Nunen A et al (2001) Visuoperceptual impairment in MS patients: nature and possibile neural origins. Mult Scler 7:389-401

Young IR, Hall AS, Pallis CA et al (1981) Nuclear magnetic resonance imaging of the brain in multiple sclerosis. Lancet 2:1063-1066

Wachowius U, Talley M, Silver N et al (2005) Cognitive impairment in primary and secondary progressive multiple sclerosis. J Clin Exp Neuropsychol 27:65-77

Wallin MT, Wilken JA, Turner AP et al (2006) Depression and multiple sclerosis: review of a lethal combination. J Rehabil Res Dev 43:45-62

Weinstein A, Schwid SIL, Schiffer RB (1999) Neuropsychologic status in multiple sclerosis after treatment with glatiramer. Arch Neurol 56:319-324

Wiles CM, Newcombe RG, Fuller KJ et al (2001) Controlled randomised crossover trial of the effects of physiotherapy on mobility in chronic multiple sclerosis. J Neurol Neurosurg Psychiatry 70:174-179

World Health Organization (WHO) (2002) ICF Classificazione internazionale del funzionamento, della disabilità e della salute. Erickson, Trento

Zabad RK, Patten SB, Metz LM (2005) The association of depression with disease course in multiple sclerosis. Neurology 64:359-360

ted in the United States
Bookmasters